Dr. med. vet. Vera Müller-Skuplik

Tiere beim Sterben begleiten

Vera Müller-Skuplik, Jg. 1975, studierte und promovierte an der Tierärztlichen Hochschule Hannover. Sie praktiziert seit über 20 Jahren als Tierärztin für Kleintiere, unterrichtet am Berufskolleg angehende Tiermedizinische Fachangestellte und hält Vorträge zu Themen rund um Tierhaltung und -medizin. Sie lebt mit ihrer Familie und dem Kater Zwingli in der Nähe von Münster (Westfalen).

DR. MED. VET. VERA MÜLLER-SKUPLIK

Tiere beim Sterben begleiten

Erfahrungen einer Tierärztin

dtv

Originalausgabe 2025

Tumblingerstraße 21, 80337 München
produktsicherheit@dtv.de
Umschlaggestaltung: Ruth Botzenhardt | buxdesign, München
Umschlagmotiv: © plainpicture / Almag –
The Rauschen Collection
Autorenfoto: Fotostudio Zeidler
Satz: Fotosatz Amann, Memmingen
Gesetzt aus der Scala Pro
Druck und Bindung: Druckerei C.H.Beck, Nördlingen
Printed in Germany · ISBN 978-3-423-35254-3

Inhalt

Vorwort

Wenn ich mit anderen Menschen ins Gespräch komme und erwähne, dass ich Tierärztin bin, dann bekomme ich häufig zweierlei zu hören. Die erste Reaktion ist: »Was für ein schöner Beruf!« Und als Nächstes: »Also, das könnte ich ja nicht, da musst du ja auch Tiere einschläfern. Ist das nicht furchtbar traurig?« – Furchtbar traurig? So habe ich es tatsächlich nie empfunden. Es ist eine besondere Herausforderung, wenn ich als Tierärztin dem Leben eines meiner Patienten ein Ende setzen muss. Es gibt Zeiten, da geschieht das täglich, dann wieder einige Wochen gar nicht. Diese Aufgabe bringt viele Kolleginnen und Kollegen an die Grenzen ihrer psychischen Belastbarkeit, besonders diejenigen, die am Anfang ihres Berufslebens stehen. Nach mehr als zwanzig Jahren Berufserfahrung kann ich aber für mich persönlich sagen: Keine andere tierärztliche Tätigkeit, weder ein Kaiserschnitt noch die Rettung einer schwer verletzten Katze oder ein gesunder, süßer Welpe beim ersten Besuch in der Praxis hat mir so intensive, persönliche und ja, auch schöne Momente mit Menschen und ihren Tieren beschert.

Eine Kundin sagte mir letztens, als ich zum Hausbesuch kam, um ihren alten Dackel einzuschläfern: »Frau Doktor, Sie haben ja versprochen, dass es ein schöner Tod wird, nicht wahr?!« Da musste ich schon schlucken. Ein schöner Tod? Gibt es das überhaupt? Es ist genau das, was sich wohl alle Tierbesitzer am Ende für ihre Haustiere wünschen. Und ja: Tierärztinnen bescheren dem Tier im Idealfall durch das Einschläfern einen »guten« Tod. Ein ruhiges, schmerzloses und angstfreies Sterben, ein Einschlafen, wenn die Kräfte nicht mehr reichen. Das Wort »Euthanasie«, das nach wie vor in der Tiermedizin zum Töten von Tieren durch eine Injektion verwendet wird, spiegelt das wider. Das Buch greift diesen Fachbegriff und auch seine Problematik später noch einmal auf.

Das Sterben des tierischen Weggefährten tierärztlich zu begleiten, ist eine Aufgabe, die Empathie, hohe Professionalität und letztendlich auch Seelsorge im wahrsten Sinne des Wortes erfordert. Der erste Satz der Bundestierärzteordnung lautet: »Der Tierarzt ist berufen, Leiden und Krankheiten der Tiere zu verhüten, zu lindern und zu heilen [...].« Und da, wo Leid und Krankheit nicht mehr zu lindern oder zu heilen sind, ist es Aufgabe der Tiermediziner, Leiden zu beenden, das Tier zu erlösen und dem Menschen bei diesem letzten Gang beizustehen. Dazu verpflichtet auch der 2015 von der deutschen Tierärzteschaft verabschiedete Ethik-Kodex.

Über das tierärztlich assistierte Sterben von Haustieren zu schreiben ist trotzdem eine heikle Angelegenheit.

Gewisse Aspekte der Tiereuthanasie lassen sich objektiv schildern. So ist zum Beispiel der rein technische Ablauf des Einschläferns in so gut wie jeder Tierarztpraxis gleich. Die Vorgänge im Körper eines Tiers, das ein starkes und letztendlich tödliches Schlafmittel gespritzt bekommt, laufen nach den Gesetzen der Physiologie und Pharmakologie ab. Auch für die Regelungen zur Tierkörperbeseitigung kann man Gesetzestexte und kommunale Verordnungen zitieren, und die Kostengestaltung in der Tierarztpraxis unterliegt der Gebührenordnung für Tierärzte, einem Bundesgesetz. Doch neben diesen nüchternen Fakten geht es beim Einschläfern von Tieren immer auch um Emotionen, um subjektives Empfinden, Schuldgefühle und Trauer. Schließlich werden diese Hunde, Katzen oder Kaninchen und anderen Heimtiere von ihren Besitzern oft als Familienmitglieder, Freunde, wenn nicht sogar Partner- oder Kinderersatz angesehen. Jedes Beenden eines Tierlebens durch den Tierarzt, die Tierärztin bedeutet also auch, dass die Beziehung, die gemeinsame Zeit mit einem geliebten Tier beendet wird.

In dem Kapitel »Wie eine Tiereuthanasie abläuft« wird der Vorgang des Einschläferns beschrieben und sachlich erklärt, was sich im Tierkörper abspielt. Und es gibt Schilderungen von Tierschicksalen und den Emotionen ihrer Besitzer. Dies kann für Leserinnen und Leser, die sich aktuell mit der schweren Entscheidung für oder gegen eine Tiereuthanasie beschäftigen oder deren Tier vor Kurzem eingeschläfert wurde, psychisch belastend sein. Sie sollten das Kapitel nicht allein lesen, wenn Sie wissen, dass Sie sehr emotional reagieren oder psychische Probleme haben. Am Ende des Buches findet sich ein Verzeichnis von Adressen, an die sich wenden kann, wer Hilfe bei der Bewältigung der eigenen Trauer benötigt oder weitere Fragen zum Thema hat.

Durch meine Tätigkeit als Tierärztin in verschiedenen Kleintierpraxen und in der eigenen Tierarztpraxis habe ich ungezählte Tiereuthanasien durchführen müssen und dabei viel erlebt. Auch haben mir Kolleginnen und Kollegen von ihren Erlebnissen im Zusammenhang mit dem Einschläfern von Patienten berichtet. In diesem Buch erzähle ich davon. Dabei geht es nicht darum, voyeuristisch zu sein oder in das Privatleben, in die Gefühle von Menschen vorzudringen. Alle Geschichten sind so verfremdet worden, dass das ärztliche Schweigegebot gewahrt bleibt, das auch uns Tiermedizinern auferlegt ist. Es soll in diesen Schilderungen deutlich werden, dass es im Umgang von Menschen mit ihren geliebten Tieren ganz viele Blickwinkel gibt, gerade und besonders am Ende des Tierlebens.

Ich bin überzeugt, dass das Erzählte allen, die dieses Buch lesen, weiterhelfen kann. Vielleicht finden Sie sich selbst in der einen oder anderen Situation wieder. Oder Sie erkennen darin Angehörige oder Freunde mit Tieren, die Sie nun besser verstehen. Dieses Buch soll dazu anregen, über das unausweichliche Sterben von Haustieren nachzudenken und darüber ins Gespräch zu kommen. Gleichzeitig ist es ein Ratgeber, der die vielen Fragen beantwortet, die sich jede Tierbesitzerin und jeder Tierfreund stellt, wenn sie oder er an die letzten Stunden des eigenen Haustiers denkt. Natürlich hoffen alle Tierhalter, dass noch viele gemeinsame Jahre mit dem geliebten Haustier vor ihnen liegen. Und sie wünschen sich, dass sie nie vor der Entscheidung stehen müssen, ihrem Tier aktiv beim Sterben helfen zu lassen. Es soll sanft und ruhig in seinem Körbchen oder auf seinem Lieblingsplatz einschlafen, wenn die Zeit dafür da ist. Leider passiert das aber viel seltener als erhofft. Wenn jemand also doch in die Situation kommt, seinen Liebling einschläfern lassen zu müssen, dann kann dieses Buch eine gute Vorbereitung darauf sein.

Menschen, die Tiere lieben, gibt es in allen Generationen, Nationalitäten und Geschlechtern. Wie also spreche ich diese an, sodass alle sich gemeint fühlen – und der Text trotzdem gut und flüssig lesbar ist? Ich habe mich entschieden, mal von Tierhalterinnen, dann wieder von Tierbesitzern zu sprechen. Von Tierfreunden und von Tierliebhaberinnen. Und damit sind immer alle gemeint, denn Tierliebe ist universal. Da die Tierärzteschaft mehrheitlich weiblich ist, spreche ich bei dieser Berufsgruppe immer von Tierärztinnen. Natürlich schließe ich damit die männlichen Kollegen mit ein.

»Wir müssen reden.« – Über ein schwieriges Thema

»Du schreibst ein Buch über das Sterben von Tieren? Das ist aber ein sehr spezielles Thema. Und wer soll das lesen?«

»Alle, die ein Haustier haben!«

Ein Buch über das Sterben von Haustieren. Über das Thema, das allen Tierliebhaberinnen, allen Haltern von Haustieren irgendwann begegnet und an das doch die wenigsten von ihnen denken möchten. Die durchschnittliche Lebenserwartung eines Hunds, einer Katze, erst recht eines kleinen Heimtiers wie Kaninchen oder Meerschweinchen, ist sehr viel kürzer als die eines Menschen. Tierbesitzerinnen werden mit hoher Wahrscheinlichkeit den Tod des geliebten Tiers miterleben, häufig sogar mit herbeiführen müssen. Für viele Menschen ist das Sterben ihres Hunds, ihrer Katze oder eines anderen Heimtiers die erste unmittelbare Erfahrung von Sterben und Tod. Gerade bei Tieren, die als Begleiter, also im häuslichen Umfeld gehalten werden, ist die Begegnung mit dem Tod sehr direkt. Oft sind die Besitzer während des Sterbevorgangs dabei, freiwillig oder unfreiwillig.

Sterben und Tod sind in unserer sogenannten westlichen Kultur Tabuthemen. Das Sterben haben wir outgesourct. Es findet häufig in Krankenhäusern, Hospizen und auf Palliativstationen statt. Bestattungsunternehmen kümmern sich um alles, was mit dem Tod eines Menschen zu tun hat, besonders was den Leichnam, die »sterblichen Überreste« angeht. Der natürliche Umgang mit dem Tod ist uns dadurch weitestgehend abhandengekommen. Zwar öffnet sich die Gesellschaft in den letzten Jahren hin zu einer Beschäftigung mit dem Tod und dem Sterben. Es gibt immer mehr Bücher und Seminare über Sterbebegleitung, Palliativbehandlung, Patientenverfügung und Vorsorge. Es wird über selbstbestimmtes Sterben und Sterbehilfe diskutiert. Aber im Alltag sprechen wir in der Regel nicht über das Sterben, auch nicht über das Sterben unserer Tiere. Trauert jemand über sein kürzlich verstorbenes Haustier, reagieren Mitmenschen häufig verständnislos, abweisend und sind hilflos.

»Angst vor einem Namen macht nur noch größere Angst vor der Sache selbst«, sagt Hermine Granger in *Harry Potter und der Stein der Weisen*. Es hilft einem Menschen nicht, wenn Tierärztinnen sich nicht trauen, das bevorstehende Ende, den Tod des Haustiers anzusprechen. Auch und gerade dann nicht, wenn es ein vom Menschen herbeigeführter, gewollter Tod ist. Im Gegenteil. Wer weiß, was seinem Tier bevorsteht, fühlt sich nicht hilflos. Und dieses Wissen beginnt damit, dass man darüber spricht.

Aus der Praxis

Der letzte Termin heute ist Lulu. Die zehnjährige Perserkatze war Thema unserer letzten praxisinternen Besprechung, wir haben diesen Fall ausführlich diskutiert. Lulu hat eine fortschreitende Herzerkrankung, die bei ihrer Rasse häufiger auftritt. Die Katze leidet außerdem seit mehr als einem Jahr an einer chronischen Darmentzündung, die nur durch eine hohe Kortisongabe einigermaßen in den Griff zu kriegen ist. Lulu frisst kaum noch, sie ist stark abgemagert und erbricht fast täglich. Zudem hat sie immer wieder Atemnot. Die Erkrankungen schreiten fort, eine symptomatische Therapie schlägt nicht mehr an. Wir sind uns einig: Für Lulu wäre es besser, man schläferte sie ein. Ich erkläre mich bereit, mit den Besitzern über unsere Empfehlung zu sprechen. Eine heikle Aufgabe. Schon bei den vorigen Besuchen hatten Lulus Besitzer, ein Paar Mitte dreißig, auf jegliches vorsichtige Ansprechen der schlechten Prognose mit Ausweichen reagiert. »Aber es geht ihr doch zwischendurch noch gut. Gestern hat sie gefressen.« – »Wie viel?« – »So genau weiß ich das nicht, aber sie hat die Soße aufgeschleckt. Die mag sie gerne!« Die Soße vom Feuchtfutter enthält nur sehr wenige Nährstoffe. Und man kann nicht von Nahrungsaufnahme sprechen, wenn die Katze nur noch ein bisschen Flüssigkeit mit Geschmack aufleckt. Bisher hat aber noch keine von uns Tierärztinnen gegenüber Lulus Besitzern das Wort »einschläfern« ausgesprochen. Ich fasse mir ein Herz: »Lassen Sie bitte Lulu erst mal noch in der Box. Wir müssen reden …«

Verständlicherweise denkt niemand gern an den unvermeidbaren Tod des oft sehr geliebten Haustiers. Worüber man nicht redet, das gibt es auch nicht – das scheint manchmal die Devise von Tierbesitzern wie auch von Tierärztinnen zu sein. Und so kommt es häufig zu einer Sprachlosigkeit, wenn es um das bevorstehende Sterben von Haustieren geht. Im Rahmen ihrer 2002 veröffentlichten Dissertation hat die Tierärztin Martina Voss Kolleginnen und Kollegen zum Thema Tiereuthanasie befragt. Sie sollten ihre soziale Kompetenz beim Einschläfern von Hunden einschätzen. Schon in der Einleitung merkt Voss an, dass etliche Tierärzte und Tierärztinnen mit ihren Antworten anfangs sehr zurückhaltend waren. Viele wollten sich zu dieser Frage gar nicht äußern. Doch schließlich haben die Rückmeldungen der Veterinärmedizinerinnen gezeigt, dass die Tiereuthanasie und der Umgang damit in ihrem Berufsleben eine ganz zentrale Rolle spielen. In der aktuell gültigen Approbationsordnung für Tierärztinnen und Tierärzte von 2006, Grundlage für die tierärztlichen Prüfungen und somit die Lehrinhalte an tierärztlichen Bildungsstätten, kommen psychologische und ethische Aspekte, ja die kommunikative Kompetenz von Tierärzten im Umgang mit Tierhaltern nicht vor. Das Einschläfern von Tieren wird nur einmal erwähnt. Es heißt in § 53, »Querschnittsunterricht«: »Den Studierenden sollen auch Kenntnisse über die Möglichkeiten zur schmerzlosen Tötung von Tieren vermittelt werden.« Hier geht es allein um die technischen Fähigkeiten. Dies reicht aber bei Weitem nicht aus, um in der Kleintierpraxis verantwortungsvoll mit dem Thema Sterben, Tiereuthanasie und der Kommunikation darüber umgehen zu können. Das haben auch die Verantwortlichen in Lehre und Weiterbildung erkannt. So bieten verschiedene tierärztliche Fakultäten mittlerweile zumindest Wahlpflichtkurse oder Grundlagenseminare zur Kommunikation im tierärztlichen Praxisalltag an – ein Anfang, aber sicher noch nicht genug. Es wäre jedoch ungerecht zu behaupten, dass angehende junge Tierärztinnen und Tierärzte nicht mit der belastenden Situation einer Tiereuthanasie umgehen können. Im Praxisalltag ist zu erleben, dass gerade junge Kolleginnen und Kollegen das Thema Einschläfern sehr ernst nehmen. Sie nehmen sich Zeit und Ruhe, mit den Tierhaltern zu sprechen. Und umgekehrt haben längst nicht alle »alten Hasen« in den tierärztlichen Praxen das nötige Feingefühl und die kommunikative Kompetenz, um angemessen mit Tierbesitzern über den bevorstehenden, geplanten Tod ihrer tierischen Gefährten zu sprechen.

Egal, ob als Berufsneuling oder Tierärztin mit langjähriger Praxiserfahrung: Es ist immer eine besondere Herausforderung, mit Kundinnen über den Tod ihres Haustiers zu sprechen. Am einfachsten ist das, wenn dieses Ereignis aller Wahrscheinlichkeit nach noch in weiter Zukunft liegt. Das heißt nicht, dass beim ersten Termin mit einem neuen Hund oder einer kleinen Katze sofort von Sterben und Euthanasie geredet werden sollte. Aber in der Praxis hat es sich oft als hilfreich und gut herausgestellt, mit Besitzern rüstiger Tiersenioren bei Routinebesuchen wie dem Impfen oder einem Gesundheitscheck über das Sterben des Tiers zu sprechen. So wie auch Hausärzte es mit ihren Patienten bezüglich einer Patientenverfügung tun. In der Familie kann dann ohne Zeitdruck und Gewissensnöte über Vorstellungen und Wünsche bezüglich eines würdigen Abschieds vom geliebten Tier geredet werden.

MEIN RAT

Machen Sie sich frühzeitig Gedanken darüber, welches Ende Sie sich für Ihr Tier wünschen. Natürlich können Sie nicht voraussehen, wann und unter welchen Umständen Ihr Haustier sterben wird. Aber trauen Sie sich, mit Ihrer Tierärztin und allen Beteiligten im Haushalt darüber zu sprechen. Und dann kann dieses Thema getrost erst mal wieder aus Ihrem Kopf verschwinden – im besten Fall für viele Jahre.

Als Tierärztin muss man immer ausloten, inwiefern Besitzer klare Worte bevorzugen. Stößt man sie vor den Kopf, wenn man die Möglichkeit der Euthanasie anspricht? Andersherum ist es aber auch oft hilfreich, Klartext zu reden. Ich finde es erschreckend, wenn eine Tierärztin so etwas sagt wie »Wir müssen über das böse Wort mit ›E‹ nachdenken!« Warum nicht klar und deutlich ansprechen, welche Optionen das Tier noch hat –

oder eben nicht mehr? Manche Tierhalter sind froh, wenn von tierärztlicher Seite nicht um den heißen Brei herumgeredet wird. Sie selbst trauen sich oft nicht, das Wort »einschläfern« in den Mund zu nehmen. Sie möchten nicht missverstanden werden. »Nicht, dass Sie denken, ich möchte meinen Hund loswerden ...!« Ist ein Einschläfern medizinisch sinnvoll, denkt das sicher niemand in der Praxis. Und wenn aus fachlicher Sicht kein Grund besteht, ein Tier sterben zu lassen, dann können Tierärztinnen auch Unsicherheit nehmen und Perspektiven für das Tier und seinen Menschen benennen.

FORMULIERUNGEN UND BEZEICHNUNGEN

Welche Worte wählen wir, wenn es um das tierärztlich assistierte Sterben geht? Wer ein Haustier einschläfert, der führt seinen Tod herbei. Diese Definition klingt sehr nüchtern und sachlich, macht aber klar, worum es geht. Aber im Deutschen, und nicht nur dort, umschreiben wir diese Tatsache, wir reden sie schön. Das spiegelt wider, wie die Mehrheit der Tierbesitzer und auch der Tierärztinnen empfindet. Keine Tierärztin käme auf die Idee, einer Tierhalterin wörtlich vorzuschlagen, ihren Hund oder ihre Katze durch eine Spritze zu töten. Auch in der im November 2022 novellierten Gebührenordnung für Tierärztinnen und Tierärzte (GOT), der gesetzlichen Grundlage für die Abrechnung tierärztlicher Leistungen, steht als Leistung nicht mehr das

»Töten durch Injektion«. Dieser Posten lautet jetzt »Euthanasie durch Injektion«.

EU THÁNATOS – DER »SCHÖNE TOD«

Der Begriff »Euthanasie« wird in Deutschland zu Recht kritisch betrachtet und außerhalb der Tiermedizin nicht im Zusammenhang mit Sterbehilfe genannt. Die systematische Ermordung Zigtausender schwerstkranker, körperlich oder geistig behinderter Menschen, darunter auch Kinder und alte Menschen, während der Herrschaft der Nationalsozialisten in Deutschland von 1933 bis 1945 wurde euphemistisch »Euthanasie« genannt und der verbrecherische Kontext damit verschleiert.

Das Wort Euthanasie setzt sich aus den altgriechischen Wörtern »eu« für »gut, schön, richtig« und thánatos, »Tod, Sterben« zusammen. Besinnt man sich also auf den ursprünglichen Sinn des Wortes, dann beschreibt es einen aus Sicht des Sterbenden und der ihn Begleitenden »guten Tod«, »schönen Tod« oder ein »gutes Sterben«. Vor dem Missbrauch des Begriffs Euthanasie durch die Nationalsozialisten wurde damit die Unterstützung von Sterbenden in der letzten Lebensphase zur Vermeidung eines qualvollen Sterbens beschrieben.

In der Tiermedizin findet der Begriff Euthanasie bis heute Verwendung, wenn es um das Einschläfern von Tieren geht. Auch das Wort Einschläfern ist ein Euphemismus, eine Umschreibung, ein Nicht-nennen-Wollen der Tatsache, dass absichtlich der Tod des Tiers herbeigeführt wird. Aber wie auch der Begriff der Euthanasie als das »sanfte Sterben« beschreibt das Wort Einschläfern treffend den Verlauf des assistierten Sterbens. Das Tier schläft ein, herbeigeführt durch ein Hypnotikum, ein Schlafmittel. Und dieser Bewusstseinsverlust geht über in den Tod, ohne dass das Tier etwas davon mitbekommt. Im Gegensatz zum Schlachten oder der sogenannten Keulung von Tieren geht es bei der Euthanasie nie um das Töten eines Tiers aus Gründen der Lebensmittelgewinnung, Wirtschaftlichkeit oder Seuchenbekämpfung. Grund für die Euthanasie sollte immer und zuerst die Annahme sein, im Sinne des Tiers zu handeln.

ANDERE SPRACHE, ANDERE WORTE

Auch außerhalb des deutschen Sprachraums wird das Einschläfern eines Tiers durch Worte umschrieben, die aus anderen Bereichen entlehnt sind. Neben dem Begriff der Euthanasie, der in vielen Sprachen gebräuchlich ist, gibt es sprachliche Eigenheiten, die durchaus für Verwirrung sorgen können.

Aus der Praxis

Es war in den Anfängen meiner Selbstständigkeit als Kleintierärztin. Im Einzugsgebiet der Praxis lag eine große Kaserne der britischen Streitkräfte. Die Briten sind ein sehr tierliebes Volk, und so gehörten viele Armeeangehörige mit ihren Hunden und Katzen zu meinen Kunden. Manchen Nachmittag hielt ich die Sprechstunde fast durchweg auf Englisch ab. Meine Englischkenntnisse stießen manchmal an Grenzen, wenn es um bestimmte medizinische Sachverhalte ging. Oder wenn mir Redewendungen nicht geläufig waren. Sarah war mit ihrem jungen Labrador Taylor zu einer Nachuntersuchung gekommen. Es ging um eine Ohrenentzündung. Taylor war sehr aufgeregt und auch etwas ängstlich. So wollte ich die Zeit, die er auf dem Behandlungstisch stehen musste, möglichst kurz halten. Nachdem ich die Ohren untersucht hatte, sagte ich zur Besitzerin: »Taylor is so excited – I think it is better to put him down!« Sarah schaute mich völlig entgeistert an. Als ich ihr bedeutete, dass es mir darum ging, ihren Hund vom Tisch herunterzuheben, lachte sie erleichtert auf. »To put down« ist im Englischen der gebräuchliche Ausdruck für das Einschläfern von Tieren.

Im Englischen gibt es zudem den Begriff »to put to sleep«, also »einschlafen lassen«, wenn es um die Sterbehilfe bei Tieren geht. Die französische Sprache verwendet »euthanasier«, ebenso wie wir. Des Weiteren kann man ein Tier aber auch »endormir« – da haben wir wieder das Einschläfern. »Faire piquer un animal«, also ein

Tier »pieksen« oder »stechen«, greift den Vorgang der Injektion auf. Im Spanischen kennt man das Verb »sacrificar«, also das »Opfern« eines Tiers, aber auch hier gibt es die »eutanasia«, wie in fast allen europäischen Sprachen. Im Italienischen heißt es »addormentare«, und und und.

Zurück zu unseren Umschreibungen. Beim tierärztlich assistierten Sterben wird neben dem Einschläfern häufig davon gesprochen, ein Tier zu »erlösen«. Egal, wie wir es nennen: Es geht bei der Euthanasie immer um die schmerzfreie Tötung eines Individuums mit dem Ziel, Schmerzen und Leiden zu verhindern oder zu beenden.

Noch ein Wort zu Formulierungen wie »das Tier geht über die Regenbogenbrücke«, es »kommt in den Himmel« oder »in die ewigen Jagdgründe«. Es ist verständlich, dass Menschen sich ausmalen, wie Tiere in ein anderes Leben jenseits des irdischen hinübergehen. Besonders das Motiv von der »Regenbogenbrücke«, über die Tiere in ein glückliches »ewiges Leben« gehen, in dem sie wieder gesund und jung sind und mit allem versorgt, was sie brauchen, tröstet viele Tierbesitzerinnen über ihre Trauer hinweg. Als Medizinerin bevorzuge ich jedoch eine weniger blumige Sprache und möchte auch keinem Menschen vorschreiben, wie und ob er sich ein Jenseits für sein Tier vorzustellen hat. So werde ich in den folgenden Kapiteln vom Einschläfern, von der Euthanasie oder vom tierärztlich assistierten Sterben sprechen.

»Sie ist doch noch gar nicht so alt!« – Der letzte Lebensabschnitt

Aus der Praxis

Paula ist eine kleine Mischlingshündin. Ihre Besitzer haben sie von einer Tierschutzorganisation übernommen. Ursprünglich sollten sie nur Pflegestelle sein, bis sich ein neues Zuhause für Paula fände. Aber Familie Maier gewöhnte sich so an die Hündin, dass sie sie nicht mehr abgeben wollte. Paula hat ein so lockiges und weiches Fell, dass sie immer noch wie ein Welpe aussieht. Viele Leute sprechen die Maiers bei Spaziergängen auf den Hund an: »Ach, wie süß. Die ist noch jung, oder?« Paula ist aber schon über zwölf Jahre alt. Bei den Maiers ist sie seit mittlerweile fünf Jahren.

Eigentlich kommt Frau Maier mit Paula heute zum Impfen in die Praxis. Aber schon, als sie den Behandlungsraum betritt, meint sie: »Ich glaube nicht, dass wir Paula impfen können. Sie ist in letzter Zeit nicht mehr die Alte. Wirkt oft lustlos, will keine großen Runden mehr laufen wie früher. Bei Wärme liegt sie nur im Hausflur herum. Sie hechelt mehr als sonst, frisst nicht mehr so viel, und das Bällchenspielen überlässt sie dem Nachbarshund. Ich mache mir Sorgen, dass Paula ernstlich krank ist. Ich sage es gleich: Sie soll nicht leiden! Wenn es ihr schlecht geht, werden wir nicht endlose

Behandlungen machen. Dann lassen wir sie lieber gehen!« Ich beruhige Frau Maier, die den Tränen nahe ist. »So schnell wird hier kein Tier eingeschläfert. Wir machen jetzt erst mal ein paar Untersuchungen und dann sehen wir weiter.« Es stellt sich heraus, dass Paula zwar ein leichtes Herzgeräusch hat, dies aber noch nicht behandlungsbedürftig ist. Die Röntgenbilder zeigen leichte Arthrosen an den Knien und im Bereich der Wirbelsäule. Ansonsten ist sie aber gesund – für ihr Alter. Und das ist der entscheidende Zusatz: »Frau Maier, Ihre Paula wird alt. Es ist normal, dass sie nicht mehr so leichtfüßig über Gräben springt. Ihr Herz werden wir gut beobachten. Wenn es Probleme macht, können wir es mit Medikamenten unterstützen. Für ihre Gelenke bekommt Paula ab sofort ein Zusatzfuttermittel und an schlechten Tagen ein Schmerzmittel, damit sie weiter gut laufen kann. Ansonsten brauchen Sie sich aber vorerst keine Sorgen zu machen.« Für Paulas Familie ist der Zeitpunkt, ihren Hund einzuschläfern, noch nicht gekommen. Aber der Hund ist in eine Lebensphase eingetreten, die wir als den letzten Lebensabschnitt bezeichnen.

Verglichen mit Menschen ist die durchschnittliche Lebenserwartung bei Haustieren gering. Von Schildkröten einmal abgesehen, die durchaus hundert werden können, leben Haustiere nur wenige Jahre. Farbratten zum Beispiel kommen auf drei Jahre, Katzen auf gut fünfzehn. Allerdings werden auch unsere Haustiere immer älter. Dies liegt an der guten Versorgung, die Hunde, Katzen, Kaninchen und die anderen tierischen Mitbewohner mittlerweile in Deutschland erhalten. Mangel- oder Fehlernährung kommt so gut wie nicht mehr vor. Hochwertige Futtermittel, die in ihrer Qualität Lebensmitteln für den menschlichen Verzehr in nichts nachstehen, sind für viele Tierbesitzerinnen selbstverständlich geworden. Viele legen großen Wert auf eine artgerechte und abwechslungsreiche Ernährung ihrer Tiere. Aber auch die Tiermedizin hat sich in den vergangenen dreißig Jahren grundlegend geändert: von einer allgemeinmedizinischen Grundversorgung hin zu tierart- und fachspezifischen Tierarztpraxen und Kliniken mit entsprechender Ausstattung. Ultraschall, Inhouse-Labor und digitales Röntgen gehören heute, anders als in den 1990er-Jahren, zur Grundausstattung jeder Kleintierpraxis. Dentalröntgen, Computertomografie (CT), Magnetresonanztomografie (MRT) und Echokardiografie (Herzultraschall) sind mittlerweile Standard in der Tiermedizin. Tumore wurden früher so gut wie möglich durch Operationen entfernt, in der Hoffnung, dadurch ihre Ausbreitung zu verhindern und das Tier im besten Fall sogar zu heilen. Heute werden Chemotherapie-Protokolle angewandt, dazu kommen Bestrahlungen und aufwendige Operationen zur Therapie hoch aggressiver Krebserkrankungen von Hunden oder Katzen.

Doch trotz bester Pflege und des enormen medizinischen Fortschritts: Das Leben des geliebten Tiers bleibt endlich. In der Regel überleben Tierbesitzerinnen ihre Hunde und Katzen um ein Vielfaches. Oder sie blicken zurück auf mehrere Generationen Kaninchen, Hamster,

Meerschweinchen, die sie im Garten beerdigt haben. Viele Tierhalter erschrecken regelrecht, wenn sie feststellen, wie rasch ihr Hund, ihre Katze alt geworden ist. »Das ging so plötzlich!«, sagen sie. Sie berichten davon, dass ihre Hündin gar nicht mehr so gerne über Baumstämme springt wie früher. Dass der Kater viel schläft. Dass das Kaninchen nicht wie früher blitzschnell durchs Zimmer saust. Ja, das Tier ist alt geworden. Und man selbst hat während der letzten sieben oder acht Jahre gar nicht wahrgenommen, dass Hundeschnauzen grau und Katzenflanken hager geworden sind.

EIN HUNDEJAHR – SIEBEN MENSCHENJAHRE?

»Multipliziere das Lebensalter deines Hunds mit sieben, und du erfährst sein Alter in Menschenjahren.« Diese Faustformel hält sich hartnäckig. Viele Hundebesitzerinnen, aber auch Tierärztinnen haben sie intus. Ist eine dreijährige Hündin also körperlich so alt wie ein einundzwanzigjähriger Mensch? Eine Studie der Medizinischen Fakultät der University of California in San Diego (USA) aus dem Jahr 2019 widerlegt diesen Mythos. Bestimmte Veränderungen, sogenannte Methylierungen, treten in der DNA alternder Zellen auf. Diese Prozesse wurden bei Labrador-Retrievern untersucht und denen beim Menschen gegenübergestellt. Das Ergebnis: Hunde altern besonders in den ersten Lebensjahren viel schneller als Menschen. Die von den Wissenschaftlern angegebene neue Formel, mit der Tierbesitzer das ungefähre Menschenalter ihres Hunds ermitteln können, ist etwas komplizierter. Mit einem Taschenrechner lässt sie sich aber problemlos anwenden. Die Gleichung verwendet den natürlichen Logarithmus (ln) vom Lebensjahr des Hunds und zwei Konstanten.

16 x ln (Hundejahre) + 31 = entsprechende Menschenjahre

Im dritten Lebensjahr ist also ein Hund in etwa so alt wie ein Mensch mit Ende vierzig. Danach verlangsamt sich der Alterungsprozess. Für Katzen gibt es vergleichbare Studien bis jetzt nicht. Man kann aber Parallelen ziehen. Auch Katzen altern in den ersten Lebensmonaten und -jahren viel schneller als Menschen. Für Kaninchen, Meerschweinchen und noch kleinere Haustiere wie Hamster oder Ratten gilt grundsätzlich: je kleiner das Tier, desto schneller der Stoffwechsel und somit das Altern. Anders gesagt: je kleiner das Tier, desto früher stirbt es. Doch auch hier gibt es Ausnahmen: Chinchillas zum Beispiel können bei optimaler Haltung und Pflege 25 Jahre alt werden.

Tiere altern also anders als Menschen. Aber auch bei den Individuen derselben Tierart gibt es deutliche Unterschiede. Kleinere Hunderassen durchlaufen die unterschiedlichen Phasen des Alterns anfangs schneller. Sie werden mit ungefähr sechs Monaten geschlechtsreif. Bei sehr großen Hunderassen, etwa dem Irischen Wolfshund oder der Deutschen Dogge, kann das bis zu zwei Jahre dauern. Doch bei der Lebenserwartung ist es umgekehrt: Hunde kleiner Rassen, beispielsweise Chihuahuas oder Jack Russel Terrier, können in seltenen Fällen durchaus zwanzig Jahre alt werden. Berner Sennenhunde werden im Schnitt nur acht Jahre alt, Riesenrassen erreichen im Durchschnitt lediglich das sechste Lebensjahr.

Entscheidend für die Lebenserwartung eines Tiers sind die Rasse, die familiäre Veranlagung und natürlich Vorerkrankungen. Eine englische Studie belegt, dass manche Katzenrassen eine deutlich kürzere Lebenserwartung haben als »normale« Hauskatzen. Das liegt immer auch an der Größe des Genpools, der einer Züchtung zugrunde liegt. Bei Katzen spielt zudem die Körpergröße eine Rolle. Wie bei Hunden auch haben große, schwere Rassen – zum Beispiel die Maine Coon – eine deutlich kürzere Lebenserwartung als kleinere. Bei ihnen treten vererbte oder degenerative Erkrankungen wie Herzmuskelverdickung oder chronische Niereninsuffizienz häufiger und früher auf als bei anderen Rassen oder Hauskatzen.

Besonders negativen Einfluss auf Lebenszeit und auch Lebensqualität haben genetische Störungen. Sie können zufällig durch Mutationen entstehen. Häufig jedoch sind sie gewollt und werden durch gezielte Zucht noch verstärkt. Zwerg- oder Riesenwuchs, extrem kurzer Kopf, Stummel- oder ganz fehlender Schwanz bei Hunden und Katzen, Schlappohren bei Zwergkaninchen,

Haarlosigkeit: All das sind Zuchtziele, die bei einigen Rassen zum Standard gehören. Sie führen unter anderem zu Atemnot, Skelettdeformationen, schweren Gelenkproblemen, Haut-, Augen- oder Ohrinfektionen. Hat ein Tier aufgrund oder infolge dieser Merkmale chronische Schmerzen, leidet es oder quält sich, spricht man von Qualzucht. Qualzuchtrassen wie zum Beispiel die Schottische Faltohrkatze (Scottish Fold), Cavalier King Charles Spaniel, Französische Bulldogge oder auch der beliebte Mops haben grundsätzlich eine vergleichsweise geringe Lebenserwartung. Sie sterben häufig früher als andere Hunde und Katzen oder müssen allein aufgrund ihrer krankhaften Veranlagungen eingeschläfert werden.

NUR ALT ODER AUCH KRANK?

Was bringt nun eine Formel zur Altersberechnung, wenn es um den letzten Lebensabschnitt des eigenen Hunds oder der Katze geht? Und was sagt die durchschnittliche Lebenserwartung einer Rasse für das einzelne Tier? Viele Tierbesitzerinnen reagieren entrüstet, wenn ich ihre muntere Hündin oder den mäusefangenden Kater als Senior tituliere. Labormedizinisch sind sie das ab dem neunten Lebensjahr. Spätestens dann gelten rasseunabhängig andere Referenzwerte als für jüngere Tiere. Um einzuschätzen, ob sich ein Tier im letzten Lebensabschnitt befindet, spielt es eine Rolle, ob Organwerte,

Veränderungen des Körpers, seiner Reaktionen und der Verhaltensweisen alters- oder krankheitsbedingt sind. Eine Erkrankung kann behandelt, vielleicht auch geheilt werden. Das Altern lässt sich nicht rückgängig machen. Alter ist keine Krankheit. Aber Alterserscheinungen können ein Tier irgendwann so einschränken und belasten, dass sie eine Euthanasie nahelegen.

Zwischen »normalen« Alterserscheinungen und ernsthaften Erkrankungen zu unterscheiden wird umso schwieriger, je älter die Tiere sind, besonders für Laien. Bei gesundheitlichen Problemen des Tiers muss daher in kürzeren Abständen überprüft werden, ob es »nur das Alter« ist oder doch weitere Leiden aufgetreten sind.

Aus der Praxis

Herr Friedrich kommt jeden Tag mit seinem Langhaardackel Waldi vor unserer Haustür vorbei. Beide sind alt geworden, der Mensch geht am Rollator und der Hund läuft schon lange nicht mehr voraus, sondern trottet gemächlich hinter seinem Herrchen her. Eines Tages fällt mir auf, dass der Hund einen ungewöhnlich dicken Bauch bekommen hat. Seit sein Besitzer verwitwet ist, bekommt Waldi sicher mehr Leckerchen, als ihm guttun. Aber diese rasche Veränderung? Herrn Friedrichs Tochter Susanne treffe ich regelmäßig beim Sport. So frage ich sie: »Was ist denn mit Waldi los? Irgendwie kommt er mir so verändert vor. War dein Vater in letzter

Zeit mal mit ihm bei der Tierärztin? Da stimmt was nicht!« Susanne verdreht die Augen: »Was meinst du, wie lange ich Papa damit schon in den Ohren liege! Ich denke auch, dass was mit Waldi ist. Er erbricht häufig und will gar nicht mehr so richtig laufen. Und er trinkt so viel. Aber mein Vater will partout nicht mit ihm zur Tierärztin gehen. Er hat Angst, dass sie eine ernsthafte Krankheit feststellt und Waldi eingeschläfert werden muss. Das wäre das Schlimmste für ihn!«

Ein möglicher Abschied wird nicht vermieden, indem man einfach nicht zur Tierärztin geht. Diesen Selbstbetrug – wir schauen nicht hin, dann ist da auch nichts! – erlebt man auch bei Menschen. Ein Bekannter sagte einmal: »Ich gehe zu keiner Vorsorgeuntersuchung. Wenn

MEIN RAT

Wenn Ihnen bei Ihrem älteren Tier Veränderungen auffallen, schieben Sie den Besuch bei der Tierärztin nicht auf die lange Bank. Kein Tier muss früher sterben, bloß weil die Tierärztin genau hinschaut. Im Gegenteil, in vielen Fällen kann eine frühe tierärztliche Behandlung das Leben von Hund, Katze und Kaninchen noch retten oder zumindest verlängern. Und entdeckt die Tierärztin doch eine so gravierende Erkrankung, dass eine Euthanasie angeraten ist, erspart eine frühzeitige Diagnose Tierleid.

die erst mal anfangen zu suchen, dann finden sie auch etwas, und das ist es dann gewesen.« Als Arzt müsste er es besser wissen.

NICHT ALT, ABER ... – KRANKHEIT ALS LETZTER LEBENSABSCHNITT

Nicht immer sind das Alter und seine Beschwerden der Grund, ein Tierleben zu beenden. Chronische Krankheiten erreichen irgendwann ein Stadium, in dem sie mit nicht mehr behandelbarem Leiden einhergehen. Beispiele sind Herzerkrankungen, Gelenkserkrankungen wie Rheuma und Arthrose, Niereninsuffizienz oder Asthma. Bösartige, nicht behandelbare Tumore können in jedem Alter auftreten. Manche typischerweise sogar eher bei jüngeren Tieren. Auch bei Katzenbesitzern gefürchtete Viruserkrankungen wie die *feline infektiöse Peritonitis,* die durch ein Coronavirus hervorgerufen wird, verlaufen oft schon bei jüngeren Tieren tödlich. Oder ungeimpfte Hundewelpen erkranken und sterben an Staupe oder Parvovirose.

Aus der Praxis

Der frühe Herbst ist die Zeit der Fundkätzchen. Fast jede Woche melden sich Anrufer in der Praxis, sie hätten hier oder da Katzenwelpen gesehen, mit ihrer Mutter oder ohne sie.

Besorgte Tierfreundinnen kommen mit oft verwahrlosten und kranken Katzenbabys in die Sprechstunde, die sie draußen gefunden haben. Oder im Keller oder Schuppen ihres Hauses. Auch Christian und Jule bringen einen kleinen Kater zu uns. Das schwarz-weiße Fellbündel mit den großen hellblauen Augen liegt matt im Körbchen. Das junge Paar hat sich sofort in Mikesch verliebt, den sie von einem Bauernhof mitgenommen haben. »Dort liefen mehrere Katzen herum. Der Landwirt hat ihn uns geschenkt.«

Nach einer ersten Untersuchung ist klar: Mikesch ist schwer krank. Er hat porzellanweiße Schleimhäute, Untertemperatur und will weder trinken noch fressen. Also stationäre Aufnahme, Wärmebox, Infusion und eine erste Blutuntersuchung. Ergebnis: eine schwere Anämie, Ursache unklar. Mikesch wird sterben, wenn sich seine Blutwerte nicht innerhalb kürzester Zeit normalisieren. Ich überlege mit Jule und Christian, was zu tun ist. »Selbst wenn wir herausfinden, was Mikesch fehlt, heißt das nicht, dass er wieder gesund wird. Er wird eine intensivmedizinische Behandlung brauchen. Spenderblut von einer gesunden Katze, aufwendige Diagnostik, gezielte Therapie.« Das junge Paar ist verzweifelt. Sie hatten den kleinen Kater doch retten und ihm ein schönes Leben bieten wollen. Und nun liegt er elend auf unserer Station. Während sich die Besitzer noch besprechen und wir mit der Tierklinik wegen einer möglichen Überweisung telefonieren, verschlechtert sich Mikeschs Zustand weiter. Unter Tränen beschließen Christian und Jule, sein Leben zu beenden. Ich schläfere ihn ein. Sein erster Lebensabschnitt war bereits sein letzter.

Missbildungen, Infektionen im Mutterleib oder direkt nach der Geburt können für junge Tiere schon das Todesurteil bedeuten. Aber auch für erwachsene Tiere, die eigentlich noch viele Lebensjahre vor sich haben sollten, kann der letzte Lebensabschnitt sehr plötzlich erreicht sein.

Aus der Praxis

Jitu, ein imposanter Rhodesian Ridgeback, ist der ganze Stolz seiner Besitzer. »›Jitu‹ ist Suaheli und bedeutet ›Riese‹«, erzählte Frau Scharmann mir bei ihrem ersten Besuch in der Praxis. Damals war Jitu gerade ein Jahr alt, jetzt ist er knapp vier. Seit einigen Wochen niest Jitu vermehrt, nun hat er einseitigen Nasenausfluss und auch ein paarmal aus der Nase geblutet. »Bestimmt hat er einen Grashalm oder so etwas eingeatmet. Jitu ist doch die ganze Zeit mit der Nase am Boden, und wir laufen viel durch Wiesen«, beruhigt Frau Scharmann sich selbst. Auch eine Getreidegranne könnte die Ursache sein. Hier ist eine endoskopische Untersuchung der Nasenhöhle, eventuell sogar ein CT oder MRT angeraten. Wir überweisen Jitu in die Tierklinik.

Am nächsten Tag kommt die Antwort aus der Klinik: Kein Grashalm oder eine Granne, sondern ein Tumor in den Nasenmuscheln hat die Beschwerden verursacht. Die Kollegen haben endoskopisch eine Gewebeprobe entnommen. Der Bericht des Pathologen folgt einige Tage später: ein Sarkom, bösartig. Jitu hat Krebs. Nach eingehender Beratung mit den

Onkologen in der Tierklinik entscheiden sich die Scharmanns gegen eine Behandlung. Heilen kann man Jitu nicht. Bestrahlung und Chemotherapie hätten höchstens aufschiebende Wirkung. Momentan weist nichts außer dem Nasenausfluss und einer leichten Schwellung des Nasenrückens auf die Krankheit hin. Doch bei dieser aggressiven Tumorart wird sich das schnell ändern. Die Prognose der Onkologen: maximal ein halbes Jahr.

Jitus Besitzer beschließen, mit ihm so viele schöne Erinnerungen zu sammeln wie möglich. Ausgedehnte Spaziergänge, Ausflüge an den nahegelegenen Baggersee. Ein Fotoshooting mit einer Tierfotografin, Treffen mit anderen Hunden auf der Hundewiese. Lieblingsspeisen für den Hund. Und schließlich nimmt das kinderlose Paar sich Urlaub, um mit Jitu im Wohnmobil noch einmal nach Italien zu fahren, er mag die Wärme. Schon vier Monate nach der Diagnose hat Jitu sich sehr verändert. Sein Nasenrücken ist entstellt, der Tumor hat mittlerweile großen Raum eingenommen. Als er trotz Medikamenten immer schwerer Luft bekommt und auch das Schlucken ihm zunehmend Mühe bereitet, bitten mich die Scharmanns um einen Hausbesuch zur Euthanasie. Mit nicht einmal fünf Jahren muss der Rüde eingeschläfert werden.

Geht es um den bevorstehenden Tod eines unheilbar kranken oder alten Tiers, möchten viele Tierbesitzerinnen die gemeinsame Zeit, die ihnen bleibt, bewusst gestalten und genießen. Sie sammeln so schöne Erinnerungen für später. Manche Momente ergeben sich aber auch ganz spontan, ohne lange Planungen.

Gundi hat einen Tumor am Herzen. Bei einer Röntgenuntersuchung im letzten Jahr haben wir eine Umfangsvermehrung im Brustkorb der Mischlingshündin festgestellt. Der Herzultraschall hat den Verdacht damals bestätigt. Nun geht es Gundi so schlecht, dass ich den Besitzern empfehle, sie zu erlösen. Die Müllers, beide Rentner, haben schon seit Längerem damit gerechnet. Trotzdem sind sie erschüttert, dass sie sich heute von Gundi verabschieden müssen. »Wir haben noch gar nicht unsere Morgenrunde gemacht«, sagt Herr Müller. Seit Gundi krank ist und sich nicht mehr anstrengen darf, fährt er jeden Morgen auf dem Rad mit ihr los – der Hund in einem speziellen Körbchen auf dem Gepäckträger. »Können wir das bitte noch mal machen, bevor Gundi eingeschläfert wird?« Da die Hündin nicht laufen muss und die Tour mit Herrchen offenbar immer genossen hat, willige ich ein. Wir vereinbaren, dass Gundi schon jetzt einen Venenzugang gelegt bekommt. Mit einem Verband wird er so fixiert, dass er die Hündin nicht beeinträchtigt. Eine Dreiviertelstunde später ruft mich Frau Müller an. Hund und Herrchen sind von der Abschiedsrunde nach Hause gekommen. Ich fahre sofort hin. Die beiden alten Leute nehmen Gundi zwischen sich aufs Sofa. Während sie sie streicheln, spritze ich der Hündin die Narkosemischung und wenig später das Pentobarbital, das sie nicht mehr aufwachen lässt.

MEIN RAT

Der englische Ausdruck »to kick the bucket« entspricht dem deutschen »den Löffel abgeben«. Auf einer »Bucket List« halten Menschen fest, was sie vor ihrem Tod noch erleben möchten. Erstellen Sie eine Liste, was Sie gemeinsam mit Ihrem Vierbeiner noch erleben wollen. Oder mit Dingen, von denen Sie wissen, dass Ihr Tier sie besonders mag. Das können Aktivitäten sein, aber auch besondere Leckerbissen, die bisher womöglich als ungesund verboten waren. Wichtig ist, wirklich die Vorlieben des Tiers in den Blick zu nehmen. Nehmen Sie Rücksicht auf seinen Zustand. Ein alter Hund mit schwerer Arthrose sollte nicht auf eine große Wanderung müssen, nur weil Sie sich das immer gewünscht haben. Ausgedehnte Schmuseeinheiten können für die eine Katze schön sein, für die andere aber eher unangenehm. Eine »Hundeabschiedsparty« ist für einen Einzelgänger oder dementen Hund eher Stress als Freude. Wenn Sie Ihre Bucket List erstellt haben, fragen Sie sicherheitshalber Ihre Tierärztin, ob aus medizinischer Sicht etwas gegen einzelne Punkte spricht. Und dann genießen Sie mit Ihrem Tier seinen letzten Lebensabschnitt, so gut Sie können.

»Hat er wohl Schmerzen?« – Über die Lebensqualität

Was bedeutet für Sie Lebensqualität? Auf diese Frage geben Menschen die unterschiedlichsten Antworten: Wohlbefinden, Zufriedenheit, Sinn, Liebe, soziale Kontakte, körperliche Unversehrtheit. Was zu einem schönen und erfüllten Leben gehört, kann durchaus sehr verschieden sein, denn Lebensqualität wird immer subjektiv empfunden. Aber wie ist das bei Tieren? Befragen können wir sie dazu nicht. Aber es gibt eine ganze Reihe von Faktoren, mit deren Hilfe wir die momentane Lebensqualität unseres Haustiers einschätzen können. Dabei geht es um die Frage, ob oder wie sehr ein Tier leidet – und ob es mit seinem Leiden weiterleben oder besser davon erlöst werden sollte.

Im internationalen Tierschutz hat sich ein Konzept zur Bewertung des Wohlbefindens von Tieren durchgesetzt, »die sich in menschlicher Obhut befinden«. Die »fünf Freiheiten« (englisch: *five freedoms*), entwickelt vom englischen Veterinärmediziner John Webster, wurden 1993 vom britischen Farm Animal Welfare Committee (FAWC) veröffentlicht. Sie sind eine Art Wertekatalog für die (ideale) Nutztierhaltung. Die fünf Freiheiten, die einem Tier gewährt werden sollten, sind:

1. *Freiheit von Hunger, Durst und Fehlernährung* durch Zugang zu frischem Wasser und artgerechter Nahrung
2. *Freiheit von Unbehagen* durch ein geeignetes Umfeld und eine angenehme Ruhezone
3. *Freiheit von Schmerz, Verletzung und Krankheit* durch rasche Diagnose und (tierärztliche) Behandlung
4. *Freiheit von Angst und (psychischen) Leiden*
5. *Freiheit zum Ausleben normalen Verhaltens* durch Gewährung von Platz und sozialen Kontakten

Diese »Freiheiten« wurden für Nutztiere postuliert. Sie erscheinen für die Bewertung der Lebensqualität von Haustieren auf den ersten Blick als nicht sehr hilfreich, zählen sie doch vermeintliche Selbstverständlichkeiten auf. Sehen wir von extremen Fällen wie Animal Hoarding ab, also dem krankhaften Sammeln von Tieren, so wird hierzulande kein Haustier Hunger und Durst leiden müssen, weil ihm in der Regel ausreichend adäquates Futter und Wasser zur Verfügung stehen. Den meisten Hunden und Katzen mangelt es auch nicht an bequemen Liegeplätzen, sie haben eigene Körbchen oder schlafen sogar im Bett ihrer Besitzer. Kaninchen haben im Idealfall ausreichend Auslauf, manche sogar den ganzen Garten oder ein eigenes »Kaninchenzimmer« in der Wohnung. Jeder, der sein Haustier liebt, wird Situationen meiden, die es ängstigen oder es sonst psychisch belasten. Und so weiter. Unseren Haustieren fehlt es meistens äußerlich an nichts. Trotzdem können die »fünf Freiheiten« Anhaltspunkte geben, um einzuschätzen, ob ein Weiterleben für unser Tier gut, mit Einschränkungen erträglich oder aber nicht mehr zumutbar ist.

OHNE SCHMERZEN UND KÖRPERLICHE LEIDEN

»Hat mein Tier Schmerzen?« Diese Frage stellen Tierhalterinnen uns Tierärztinnen am häufigsten, wenn ihr Hund, ihre Katze oder ihr kleines Haustier krank oder alt ist. Lassen sich Schmerzen durch Medikamente nicht ausschalten oder zumindest auf ein erträgliches Maß reduzieren, ist das für Tierbesitzer fast ausnahmslos ein Grund, einer Euthanasie zuzustimmen.

WIE ERKENNE ICH SCHMERZ?

Die International Association for the Study of Pain (IASP) definiert Schmerzen als

> *»ein unangenehmes Sinnes- und Gefühlserlebnis, das mit einer tatsächlichen oder potenziellen Gewebeschädigung einhergeht oder einer solchen ähnelt«.*

Vorausgeschickt: Es gibt Erkrankungen, bei denen wir sicher sein können, dass das Tier starke Schmerzen hat. Dazu gehören zum Beispiel hochgradige Osteoarthrosen, akute Bandscheibenvorfälle (Diskopathie) und Knochenkrebs. Selbst die moderne tiermedizinische Schmerztherapie kommt dort irgendwann an ihre Grenzen.

Schmerzen beim Tier festzustellen, ist aber mitunter schwierig. Je nach Tierart ist das Repertoire der Anzeichen und Äußerungen von Schmerz sehr verschieden. Das liegt auch daran, dass es für ein Tier in der Natur den sicheren Tod bedeuten kann, Schmerzen und Schwäche zu zeigen. Beutetiere wie Kaninchen oder Meerschweinchen leiden daher still. Und auch bei Hunden und Katzen ist eine Lautäußerung bei Schmerzen nicht die Regel. Tiere reflektieren den Schmerz nicht, sie denken nicht über seine Intensität oder Dauer nach. Gerade chronische Schmerzen werden ertragen, eine gewisse Gewöhnung tritt ein. Wer sein Tier gut beobachtet, kann aber Schmerzsymptome erkennen.

Katzen etwa ziehen sich bei schmerzhaften Erkrankungen häufig zurück. Sie reagieren auf Streicheln und Anfassen eventuell aggressiv, fauchen, kratzen oder beißen. Gerade wenn eine Katze sonst gern schmust, zeigt solch ein Verhalten, dass etwas nicht stimmt. Gesträubtes Fell, mangelnde Fellpflege und gekauerte, gekrümmte Körperhaltung deuten ebenfalls auf Schmerzen hin. Halb geschlossene Augen, angelegte Ohren und Schnurrhaare gehören zum sogenannten Schmerzgesicht, das man bei vielen Tierarten beobachten kann.

Wie Hunde Schmerzen zeigen, hängt oft von der Schmerzqualität ab, also ob diese chronisch oder akut sind, dumpf oder stechend. Ob Hunde winseln oder jaulen, ist außerdem Typsache. Es gibt Rassen wie Bulldoggen oder Terrier, die keinen Mucks machen, auch wenn man ihnen wissentlich wehtut. Ihnen sieht man Schmerzen kaum an. Zeigen solche Rassen deutlich Schmerzen, sollte das daher besonders ernst genommen werden. Andere Hunde sind schmerzsensibler. Manche sind sogar wahre Schauspieler, die übertrieben theatralisch lahmen, wenn sie auch nur ein Steinchen unter der Pfote haben. Starke Schmerzen zeigt aber jeder Hund ähnlich an. Neben möglichen Lautäußerungen gehören Hecheln, Zittern, extremes Belecken oder Knabbern des betreffenden Körperteils und eine schonende oder unnatürliche Körperhaltung zu den Schmerzanzeichen. Die Hunde ziehen sich zurück, sie schnappen bei Berührung, zeigen Unruhe.

Kaninchen, Meerschweinchen und andere kleine Heimtiere sind die »stillen Leidenden« unter den Haustieren. Man kann aber an ihrer Körperhaltung und ihrem Verhalten Schmerzzustände erkennen. Sie kauern, haben einen gekrümmten Rücken, ziehen sich zurück, erscheinen als sehr ruhig. Oft stellen sie das Fressen ein. Auch sie zeigen dann ein typisches »Schmerzgesicht« mit halb geschlossenen Augen und angelegten Ohren.

Aber nicht nur Schmerzen können ein Tier so schwer beeinträchtigen, dass es sich quält. Die Liste ist lang: Ein Tier hat Atemnot oder ständigen schweren Juckreiz. Es bekommt wiederkehrende Krampfanfälle, erbricht sich mehrmals am Tag. Es hat chronische, nicht heilende Wunden. Es kann Kot und Urin nicht oder nur unter großen Mühen absetzen oder hat umgekehrt permanent Durchfall. Wann immer sich solche Zustände therapeutisch nicht (mehr) wirkungsvoll lindern lassen, ist die Lebensqualität eines Tiers beträchtlich eingeschränkt.

MEIN RAT

Lassen sich keine anderen Ursachen für ein verändertes Verhalten ermitteln, kann die Tierärztin versuchsweise ein Schmerzmittel verschreiben. Schmerzbedingte Symptome verschwinden unter der Therapie oder werden zumindest weniger. Wir nennen das eine »diagnostische Therapie«. Oft kann durch die Kombination von verschiedenen Schmerzmitteln und anderen Maßnahmen wie Physiotherapie oder Akupunktur auch chronisch kranken Tieren noch gut geholfen werden.

Zeigt ein Tier aber Schmerzsymptome, obwohl es unter entsprechenden Medikamenten steht, ist seine Lebensqualität hochgradig eingeschränkt. Eventuell kann die Dosierung oder die Medikamentenwahl angepasst werden. Erhöhen Sie jedoch nie die Dosis eines Schmerzmittels ohne Anweisung Ihrer Tierärztin. »Viel hilft viel« stimmt selten. Grundsätzlich gilt: Kein Tier sollte dauerhafte Schmerzen haben müssen. Nicht zu lindernder, starker Schmerz ist definitiv ein Grund, ein krankes Tier einzuschläfern.

FRESSEN UND TRINKEN

Deutlich verminderter oder fehlender Appetit sowie plötzlicher starker Gewichtsverlust sind Alarmzeichen bei alten oder kranken Tieren. Häufig verweigern Hunde, Katzen und andere Kleintiere das Futter, wenn es ihnen schlecht geht. Schleckt der alte Kater noch Katzenmilch, nimmt aber sonst nichts mehr zu sich? Frisst die kranke Hündin Leckerchen, aber lässt ihr normales Futter dauerhaft stehen? Dann kann man nicht mehr von ausreichendem Fressen und Trinken sprechen. Kaninchen, die nur an ein paar Halmen herummümmeln, oder Meerschweinchen, die außer Gurkenscheiben nichts mehr fressen (können), verhungern. Bei älteren oder chronisch kranken Tieren die Futteraufnahme zu beobachten und sie regelmäßig zu wiegen, ist essenziell für die Einschätzung, ob der Körper überhaupt noch genug Nährstoffe bekommt. Besitzerinnen brauchen objektive Kriterien, anhand derer sie die Futteraufnahme ihres Haustiers beurteilen. Oft wollen sie nämlich nicht wahrhaben, dass ihr Tier nichts oder viel zu wenig frisst.

Aus der Praxis

Tristan ist ein fünfzehnjähriger Perserkater. Seine Besitzer, Frau und Herr Austen, machen sich große Sorgen um ihn. Er erbricht in den letzten Tagen fast täglich. Seine Nierenwerte sind schlecht, und der Darm scheint lahmgelegt. »Wie ist es mit dem Fressen?«, frage ich Frau Austen. »Er frisst noch. Natürlich nicht mehr so viel wie früher. Aber er ist ja auch alt.« Der Kater, der nur in der Wohnung lebt, hat deutlich an Gewicht verloren. Herr Austen ist realistischer als seine Frau. »Das meiste müssen wir wegschmeißen, alles Feste verweigert er. Nur ab und zu nimmt er etwas von dem Thunfisch, den wir ihm anbieten. Er trinkt auch kaum noch.« Tristan ist dehydriert. Ich spritze ihm eine Infusionslösung unter die Haut, um seinen Kreislauf zu unterstützen. Allerdings will der Kater weiterhin nicht fressen. Trotz eines Medikaments gegen Übelkeit und Appetitanregern wendet er sich nach höchstens einem oder zwei Happen von seinem Futternapf ab. Wir können Tristans Nieren zwar mit Infusionen unterstützen. Doch frisst und trinkt er auch weiterhin nicht, wird sich sein Zustand weiter verschlechtern. Nach einigen Tagen beschließen die Austens, Tristan einschläfern zu lassen. Ich komme zu ihnen nach Hause. Nachdem der Kater tot ist, bittet mich Herr Austen in die Küche. »Was machen wir denn jetzt damit?« In zwei großen Schubladen stapeln sich Dosen, Schälchen und Beutel mit Katzenfutter verschiedenster Hersteller in jeder erdenklichen Sorte. Die Besitzer haben alles versucht, um Tristan doch noch zum Fressen zu bewegen. Nun wird sich der örtliche Tierschutzverein über eine große Spende freuen.

Frisst ein Tier nicht mehr selbstständig, so heißt das nicht zwangsläufig, dass es eingeschläfert werden muss. Es gibt viele Erkrankungen, die Appetitlosigkeit verursachen. Auch Schmerzen können die Ursache sein. Und manchmal ist ein Tier einfach nur zu schwach, um zu fressen.

Vorübergehend ist es akzeptabel, einen Hund oder eine Katze mit Tricks zum Fressen zu animieren, zum Beispiel aus der Hand zu füttern. Man kann besonders schmackhafte Leckerbissen wählen und appetitstimulierende Substanzen verabreichen, um den Appetit eines kranken Tiers anzuregen. In der Intensivtiermedizin gibt es Situationen, in denen die Patienten über Tage oder sogar Wochen mittels einer Magensonde ernährt werden müssen, bis sie wieder selbstständig fressen können und wollen. Besonders Katzen sind wahre Meister im Futterverweigern. Besitzerinnen von Kaninchen und Meerschweinchen päppeln ihre Tiere per Spritze mit Futterbrei, wenn diese wegen Zahnproblemen oder Verdauungsstörungen in Behandlung sind. Das alles ist notwendig und auch sinnvoll, wenn es temporär bleibt. Ist aber nicht zu erwarten, dass das Haustier in absehbarer Zeit wieder selbstständig fressen kann und wird, können wir nicht mehr von ausreichender Lebensqualität sprechen.

Wasser ist für den Organismus lebensnotwendig und Durst ein quälendes Gefühl. Trinken ist ein Grundbedürfnis, ein Instinkt, dem jedes gesunde Tier nachkommt. Ohne Futter kann ein Tier je nach Konstitution über einen längeren Zeitraum auskommen. Ist es aber zu schwach oder krank, um zu trinken, stirbt es innerhalb kürzester Zeit. Manche Tierbesitzer versuchen, ihrem Haustier mit einer Spritze Wasser einzuflößen, wenn es nicht mehr trinkt. Doch gerade bei größeren Hunden ist der Flüssigkeitsbedarf viel zu hoch, um mit diesem Hilfsmittel auf eine adäquate Menge zu kommen. Infusionen in die Vene oder unter die Haut können helfen, mangelnde Wasseraufnahme auszugleichen. Therapeutisch ist das wichtig und sinnvoll, um einen kurzen oder auch etwas längeren Zeitraum zu überbrücken. Aber Infusionen sind keine Dauerlösung.

MEIN RAT

Wenn Sie den Eindruck haben, Ihr krankes oder altes Tier frisst oder trinkt nicht ausreichend, dokumentieren Sie die aufgenommene Futter- und Wassermenge über einen Zeitraum von mindestens einer Woche. Seien Sie ehrlich zu sich selbst. Wie viel Futter müssen Sie wegwerfen? Bei Gruppenhaltung: Frisst das betroffene Tier überhaupt oder sind andere schneller? Auch Leckerlis, die über den Tag verteilt gefüttert werden, kommen mit auf die Liste. Nimmt der Hund, die Katze, das Kaninchen ab? Wiegen Sie Ihr Tier auf immer derselben Waage. Verweigert es trotz guter (Schmerz-)Therapie jegliche Nahrungsaufnahme, ist das ein deutliches Zeichen, dass es ihm schlecht geht.

WOHLBEHAGEN UND LEBENSFREUDE

Keine Schmerzen und andere Leiden zu haben, Hunger und Durst stillen zu können – das gehört zweifellos zum Wohlbefinden, bei Tieren ebenso wie bei uns Menschen. Aber was ist mit den letzten der »fünf Freiheiten«, die ein Tier haben sollte: der Freiheit von Unbehagen, Angst und psychischem Leiden und der Freiheit, sich seiner Art entsprechend zu verhalten? Angst kann von außen verursacht sein, durch nicht artgerechte Haltung oder bewusste Tierquälerei. Dies wird keine Tierfreundin zulassen. Immer mehr Hunde leiden jedoch im Alter zum Beispiel an Demenz, medizinisch »Canines kognitives Dysfunktionssyndrom« (CCD). Zu den Symptomen gehören Desorientierung, ein veränderter Schlaf-Wach-Rhythmus, Jaulen oder Zittern aus Angst, Drangwandern bis zur totalen Erschöpfung und ein verändertes Sozialverhalten bis zur völligen Selbstisolation. Auch Katzen können diese Symptomatik ohne organische Ursache zeigen. Je nach Ausprägung und Stadium der Erkrankung kann hier die Lebensqualität des Tiers so eingeschränkt sein, dass Tierbesitzer über eine Euthanasie nachdenken dürfen und sollten.

Der niederländische Tierarzt Hugo van Duijn hat in einer kleinen Broschüre über Tiereuthanasie kurz und treffend zusammengefasst, was seiner Meinung nach ein gutes Leben für ein Haustier bedeutet:

> *»Ein Tier sollte fressen, trinken sowie fröhlich und als Haustier geeignet sein.«*

Fröhlich sein – zugegeben, eine etwas ungewöhnliche Formulierung, wenn wir von einem Tier sprechen. Lassen Sie es uns besser Lebensfreude nennen. Es geht nicht darum, dass beim tierischen Mitbewohner ständig alles super und perfekt ist. Eine alte Katze darf viel schlafen – noch mehr, als Katzen es ohnehin schon tun. Ein chronisch kranker Hund muss nicht mehr viele Kilometer laufen können. Selbst die Amputation eines Beins kann für Hunde und Katzen durchaus zumutbar sein. Sieht man solche Patienten nach überstandener OP auf drei Beinen flitzen, dann weiß man: Das geht ganz hervorragend.

Aus der Praxis

Meine Kollegin Anni hat ein Herz für Chinchillas. Mittlerweile leben mehrere dieser flauschigen Tierchen bei ihr, die Tiermedizinische Fachangestellte ist da zu einer echten Expertin geworden. Alle ihrer »Chins« kommen aus dem Tierschutz, so auch Bibi. Sie hatte nur noch ein Auge, als sie mit ihrer Schwester Tina bei Anni einzog. Kurze Zeit später entwickelte Bibi am noch verbliebenen Auge einen Exophthalmus. Dabei tritt der Augapfel aus der Augenhöhle hervor, eine äußerst schmerzhafte Erkrankung. Es gab schlussendlich nur zwei Möglichkeiten: Operation oder Euthanasie. Das Auge müsste komplett entfernt werden, Bibi wäre blind. Käme sie damit überhaupt zurecht? Und würden die anderen Chinchillas eine blinde Artgenossin akzeptieren? Eine schwie-

rige Entscheidung, die Anni zu treffen hatte. Schließlich ließ sie Bibi operieren – mit dem Wissen, dass sie sie eventuell doch würde einschläfern müssen, wenn sie ohne zu sehen nicht klarkäme. Doch ihre Entscheidung war richtig: Die blinde Bibi saust nun schon seit drei Jahren zielsicher durch Gehege und Wohnung und klaut den anderen die Leckerbissen weg. Sie weiß sich zu behaupten und zeigt jeden Tag, wie viel Spaß sie noch am Leben hat.

Eine körperliche oder geistige Einschränkung allein, angeboren oder erworben, muss nicht zwangsläufig Grund zur Euthanasie sein. Die Tiere können sich noch ihres Lebens freuen. Trotz hohen Alters oder Krankheit: Nimmt der Hund am Familienleben teil? Genießt er die Anwesenheit anderer Tiere und Menschen? Nimmt die Katze ihre Umgebung wahr? Hat sie Interesse an Kontakt und Berührung? Anders gefragt: Ist das Tier noch »das, was es war«? Auch das macht Lebensqualität aus.

»ER FRISST DOCH NOCH ...«

Ein häufig genanntes Argument gegen die Euthanasie lautet: »Aber mein Tier kann doch noch ...« Wenn wir in der Praxis mit Besitzern über das Einschläfern sprechen, dann in der Regel aufgrund einer Diagnose mit schlechter Prognose. Das Tier hat Symptome, die seine Lebensqualität massiv einschränken. Fast immer wird es aber etwas geben, was das Tier »noch kann«. Die Katze mit den gelähmten Hinterbeinen schnurrt (wobei wir in der Praxis oft erleben, dass Schnurren durchaus auch ein Zeichen von Stress oder Schmerzen ist). Die Hündin mit dem schmerzhaften Knochentumor wedelt noch mit dem Schwanz, wenn sie ihre Besitzer hört. Der herzkranke Kater, der unter hochgradiger Atemnot leidet, hat deswegen nicht unbedingt auch Schmerzen.

Aber kein Tier wird eingeschläfert, obwohl es etwas noch kann oder tut. Sondern wegen anderer, gleichzeitig bestehender Einschränkungen, die so gravierend sind, dass das Tier leidet. Und das kann nicht durch anderes aufgewogen werden.

Aus der Praxis

Toni ist ein schwarzer Labrador. Der mittlerweile dreizehn Jahre alte Rüde gehört zu Familie Braun, seit er als Welpe zu ihr gekommen ist. Die Kinder sind mit ihm aufgewachsen. Toni hat Arthrose in den Kniegelenken, musste bereits beidseitig wegen Kreuzbandrissen operiert werden. Die Brauns haben sich gut auf die Einschränkungen ihres Hunds eingestellt. Toni bekommt Physiotherapie und hat eine Rampe, um bequem in den Kofferraum des Autos zu kommen. Eine monatliche Spritze gegen die Schmerzen hat bis jetzt gut geholfen. Feuchtkaltes Wetter macht ihm zu schaffen, dann bekommt er ein zusätzliches Schmerzmittel.

Seit einigen Wochen aber ist Frau Braun besorgt. Toni

kommt nach dem Liegen immer schlechter hoch. Er braucht beim Aufstehen häufig die Unterstützung seiner Besitzer. »Letztens ist er ganz elendig weggerutscht. Und er hat Probleme beim Erledigen seines Geschäfts, weil er gar nicht weiß, wie er sich hinhocken soll«, berichtet Frau Braun. Toni ist austherapiert. Es sind nicht nur Schmerzen, die ihm die Bewegung erschweren. Toni hat einfach keine Kraft mehr. Seine Muskulatur hat sich immer mehr zurückgebildet, trotz der Physiotherapie. Frau Braun berichtet weiter, dass der Hund mittlerweile nachts immer wieder unkontrolliert Urin in der Wohnung absetzt, weil er es nicht mehr ins Freie schafft. »Wir haben schon mehrmals in der Familie diskutiert, ob wir ihn nicht besser erlösen sollten. Aber er frisst doch noch. Da können wir ihn doch nicht einschläfern lassen?«

Nun hat Toni immer für sein Leben gern gefressen – typisch Labrador eben. Kein Keks und kein Essensrest beim Grillabend waren vor ihm sicher. »Frau Braun, Ihr Hund würde wahrscheinlich auch noch fressen, wenn er komplett gelähmt wäre. Die Frage ist, ob ein Leben für ihn noch Qualität hat, wenn er nicht mehr allein hochkommt. Wenn er im schlimmsten Fall in seinen Exkrementen liegt. Ich meine, dazu sollte es nicht kommen.«

Zwei Wochen später hat Toni keine Kraft mehr in den Hinterbeinen. Er sackt mehrfach zusammen, einfach so. Die Brauns halten Familienrat. Sie beschließen, ihn einschläfern zu lassen. Beim Hausbesuch sind alle dabei, auch die Partner der erwachsenen Kinder, die Toni ebenso ins Herz geschlossen haben. Als ich die Küche betrete, liegt er auf seiner Decke. Kommt nicht, um mich zu begrüßen, wie er es früher sofort *getan hätte. Er schafft es nicht mehr aufzustehen. Die Tochter füttert ihn mit selbst gebackenen Hundekeksen, während ich den Venenzugang lege. Der Hund schaut nur kurz nach hinten zu mir und widmet sich dann wieder den Keksen. Als Toni tot ist, spricht Herr Braun aus, was alle denken: »Bis zum letzten Atemzug noch Leckerchen fressen. Was für ein schöner Tod für unseren Hund!«*

MEIN RAT

Im Anhang dieses Buches finden Sie eine Checkliste. Sie kann Ihnen helfen, die Lebensqualität Ihres Haustiers einzuschätzen. Beantworten Sie die gestellten Fragen mehrmals in kürzeren Abständen. Wenn nötig, täglich. Lassen Sie auch andere Familienmitglieder oder Bezugspersonen Ihres Tiers antworten. So können Sie die Situation Ihres Hunds, Ihrer Katze oder Ihres kleinen Heimtiers besser beurteilen und werden für Veränderungen im Verhalten oder Gesundheitszustand sensibilisiert. Die Ergebnisse der Liste können auch als Grundlage für einen Besuch bei der Tierärztin dienen.

ALS HAUSTIER GEEIGNET SEIN – LEBENSQUALITÄT FÜR TIER UND MENSCH

»Fröhlich und als Haustier geeignet sein« – zur Definition guten Lebens für ein Haustier nach meinem Kollegen Hugo van Duijn gehören zwei: Ein Haustier lebt in der Regel mit seinem Halter, ist Teil der Familie, Freund und Weggefährte. Und so ist es wichtig, auch die Menschen in den Blick zu nehmen, die mit dem Tier zusammen sind. Die es betreuen und pflegen. Letzten Endes hängt die Lebensqualität eines Haustiers mit der Lebensqualität seiner Besitzer zusammen. Bissige Hunde, die die Gesundheit oder sogar das Leben anderer Tiere oder Menschen gefährden, sind als Haustiere ungeeignet. Wie mit aggressiven, ansonsten aber gesunden Hunden im Hinblick auf ein Einschläfern umgegangen werden soll und darf, führe ich im Kapitel »Darf ich das überhaupt entscheiden?« näher aus. Aber Hunde beißen häufig nicht, weil sie aggressiv sind, sondern weil sie womöglich Schmerzen haben. Auch können alte Hunde aus Unsicherheit oder Angst beißen, weil sie ihre Umgebung nicht mehr einschätzen können. Dann kommt zur Einschränkung der tierischen Lebensqualität die Gefährdung von Menschen hinzu, zum Beispiel von Kindern.

Je älter unsere Haustiere werden, desto öfter haben wir es auch mit Demenzerkrankungen zu tun. Dass dies für die Tiere selbst sehr quälend sein kann, habe ich schon angemerkt. Doch wie ist das für die Tierbesitzerinnen? Viele demente Tiere sind gerade nachts extrem unruhig.

Katzen können laut und ausdauernd schreien, ohne erkennbaren oder medizinischen Grund. Hunde stehen lethargisch in der Ecke, kennen ihre Menschen nicht mehr. Sie koten oder urinieren ins Haus, weil sie vergessen haben, dass sie das sonst nur draußen getan haben. Oder weil sie schlicht aufgrund ihres Alters oder einer chronischen Erkrankung inkontinent geworden sind. Für manchen Tierhalter ist es kein Problem, mit all dem zu leben. Seinem Hund mehrmals täglich die Windeln zu wechseln. Seiner in Folge eines Unfalls teils gelähmten Katze die Blase auszudrücken. Die Wohnung komplett mit waschbaren Teppichen auszulegen, um ein eventuelles Malheur beseitigen zu können. Die Grenze, wie weit man als Tierbesitzer gehen kann und will, ist individuell sehr unterschiedlich zu ziehen. Wenn einen Menschen das Zusammenleben mit einem solchen Tier so extrem belastet, dass er sich bei aller Tierliebe wünscht, es würde sterben, dann ist der Gedanke erlaubt und vielleicht sogar geboten, ob ein Einschläfern nicht die beste Lösung für alle wäre. Niemand hat etwas davon, wenn der Halter selbst zum Patienten wird.

Zu guter Letzt: Die Lebensqualität eines alten und kranken, behandlungsbedürftigen Tiers kann nur aufrechterhalten, wer als Tierhalterin physisch und psychisch in der Lage ist, den von der Tierärztin aufgestellten Therapieplan einzuhalten. Das reicht von regelmäßiger Medikamentengabe – oft mehrmals täglich, eventuell auch nachts – über ein Sauberhalten von inkontinenten Tieren bis hin zur Blutzuckerkontrolle bei Diabetespatienten.

Auch auf körperliche Gebrechen muss man sich einstellen. Haus, Garten oder Auto müssen für alte Tiere barrierefrei gestaltet werden. Mancher Besitzer kann dies alles nicht leisten, aus welchen Gründen auch immer. Dabei müssen Motive wie Bequemlichkeit, Geiz oder Gleichgültigkeit dem Tier gegenüber keine Rolle spielen. Individuelle Umstände wie Trennungen, Pflegefälle im privaten Umfeld, Krankheit, körperliche oder geistige Einschränkungen der Tierbesitzer können aber sehr wohl dazu führen, dass sie die Lebensqualität ihrer geliebten Haustiere nicht mehr garantieren können. Und nicht immer ist es möglich oder für das Tier sinnvoll, ein anderes Zuhause für den letzten Lebensabschnitt zu finden. Dann ist es für das Tier besser, es stirbt, als dass es unbehandelt oder schlecht versorgt weiter leidet.

»Darf ich das überhaupt entscheiden?« – Verantwortung und Schuldgefühle

Um ein Tier einschläfern zu dürfen, müssen verschiedene Faktoren beachtet werden. Zum einen sind gesetzliche Bestimmungen einzuhalten. Für Haustierbesitzerinnen bedeutsam ist aber vor allem die Frage: Darf ich das überhaupt – über das Weiterleben oder das Sterben meines Tiers entscheiden? Dies ist in erster Linie eine ethische Frage, die sich wie die nach dem richtigen Zeitpunkt nicht pauschal beantworten lässt. Aber es gibt einige objektive Kriterien für eine gewissenhafte, gute Entscheidung.

RECHT UND GESETZ

Werfen wir zuerst einen Blick in das deutsche Tierschutzgesetz (TierSchG). Es gibt den Rahmen vor, in dem sich Tierärztinnen, Tierhalter und andere mögliche Beteiligte wie Tiermedizinische Fachangestellte, Tierheilpraktikerinnen sowie jene, die im Tierschutz tätig sind, bei einer Tiereuthanasie bewegen. Was dürfen Tierbesitzerinnen und Tierärztinnen tun? Wozu sind sie laut Gesetz sogar verpflichtet?

Unser heute geltendes Tierschutzgesetz wurde 1972

erlassen, ist also gut fünfzig Jahre alt. Neu gegenüber dem davor geltenden Reichstierschutzgesetz von 1933 ist, dass nicht nur das Wohlbefinden, sondern auch das Leben der Tiere grundsätzlich unter Schutz steht.

»§ 1: Zweck dieses Gesetzes ist es, aus der Verantwortung des Menschen für das Tier als Mitgeschöpf dessen Leben und Wohlbefinden zu schützen. Niemand darf einem Tier ohne vernünftigen Grund Schmerzen, Leiden oder Schäden zufügen.«

Das Verbot, Leiden, Schmerzen oder Schäden ohne vernünftigen Grund zuzufügen, bezieht sich auf alle Tiere, vom Insekt bis zum Primaten. Damit unterscheidet sich das deutsche Tierschutzgesetz von vergleichbaren Gesetzen zum Beispiel aus Österreich oder der Schweiz. Zu rechtlichen Konsequenzen führen allerdings auch in Deutschland erst Vergehen, die sich explizit gegen Wirbeltiere richten, also Säugetiere, Vögel, Reptilien, Amphibien und Fische.

WER DARF EIN TIER EINSCHLÄFERN?

Um das Töten von Tieren geht es in den §§ 4 und 17 TierSchG. In § 4 steht:

»Ein Wirbeltier darf nur unter wirksamer Schmerzausschaltung (Betäubung) in einem Zustand der Wahrnehmungs-

und Empfindungslosigkeit [...] getötet werden.« Und weiter: *»Ein Wirbeltier töten darf nur, wer die dazu notwendigen Kenntnisse und Fähigkeiten hat.«*

Selbst Tiermedizinische Fachangestellte, also qualifizierte Mitarbeitende, oft mit Zusatzausbildungen zum Beispiel im Bereich der Anästhesie, der Tierzahnheilkunde oder Physiotherapie, dürfen zwar Injektionen geben und Infusionen verabreichen, stationäre Tierpatienten intensivmedizinisch überwachen oder Röntgen- und CT-Aufnahmen anfertigen. Der Bitte, eine verletzte Taube »mal eben« einzuschläfern, weil gerade keine Tierärztin in der Praxis ist, dürfen sie aber nicht nachkommen. Tiere in Narkose legen, also betäuben, und dann mittels einer Injektion einschläfern dürfen nur approbierte Tierärztinnen. Punkt.

Aus der Praxis

Janine macht in meiner Praxis ein mehrwöchiges Praktikum. Die junge Frau ist gelernte Tierpflegerin und spielt mit dem Gedanken, zusätzlich eine Ausbildung zur Tiermedizinischen Fachangestellten zu machen. Eines Abends haben wir ein Kaninchen eingeschläfert. Beim Aufräumen beginnt Janine ein Gespräch darüber. »Ich fand es schön, dass die Besitzerin dabei sein durfte. Als mein Meerschweinchen eingeschläfert wurde, konnte ich das nicht.« Mich interessiert, wo das gewesen sei. »Wir hatten keinen Tierarzt bei uns am Ort. Aber einen Tierheilpraktiker. Der hat auch Tiere eingeschläfert.«

Als ich ihr erkläre, dass er das gar nicht dürfe und keinen Zugang zu zugelassenen Medikamenten habe, ist Janine erstaunt und auch erschüttert. »Er hat mehrere meiner Kaninchen und Meerschweinchen eingeschläfert, als ich noch ein Kind war. Er sagte, er spritze etwas, und dann sei das Tier ganz schnell tot. Wir haben unsere Tiere anschließend immer mit nach Hause genommen, um sie im Garten zu beerdigen.« Was der Mann dort gespritzt hat, kann ich nicht sagen. Wahrscheinlich handelte es sich um Kaliumchlorid. Der Wirkstoff wirkt in hoher Konzentration lähmend auf die Herzmuskulatur und führt, in die Vene oder ins Herz injiziert, zum raschen Herzstillstand. Kaliumchlorid ist in Deutschland nicht als Arzneimittel zur Euthanasie zugelassen. Als Düngemittel und Kochsalzersatz ist das Kaliumsalz aber frei verkäuflich. Da das Mittel keine zuvor eintretende Bewusstlosigkeit gewährleistet, dürfte es, wenn es zugelassen wäre, nur am zuvor narkotisierten Tier angewandt werden. Die Praktikantin konnte nicht wissen, dass dieses »Einschläfern« illegal war. Der Tierheilpraktiker schon. Er musste mit einer Anzeige wegen Verstoßes gegen das Tierschutzgesetz und das Arzneimittelgesetz rechnen.

Tierheilpraktikerinnen und ähnliche Berufsgruppen dürfen das natürliche Sterben eines Tiers mit naturheilkundlichen Methoden oder frei verkäuflichen Mitteln wie Bachblüten begleiten – solange sie dem Tier keine unnötigen Schmerzen oder Leiden zufügen. Töten dürfen sie es aber nicht, da sie nicht über die laut Gesetz »notwendigen Kenntnisse und Fähigkeiten« verfügen.

TÖTEN OHNE VERNÜNFTIGEN GRUND

Es kommt leider immer wieder vor, dass Haustiere von ihren Besitzern umgebracht werden, zum Teil auf sehr barbarische Weise. Und das nicht aus »vernünftigem Grund«, sondern aus Bequemlichkeit, Geiz oder schlicht Gleichgültigkeit. Unerwünschter Nachwuchs wird ertränkt oder an die Wand geworfen, weil Katzen oder Kaninchen aus finanziellen Gründen nicht kastriert wurden. Hundewelpen entsprechen in ihrem Äußeren nicht dem sogenannten Rassestandard. Sie können nicht verkauft werden und werden getötet. Unüberlegt angeschaffte Hamster oder Meerschweinchen, die in der Versorgung lästig geworden sind, werden ausgesetzt und von Katzen oder Füchsen gefressen. Kaninchen mit Zahnproblemen verhungern, weil sie schlicht und einfach nicht mehr fressen können. Die Dunkelziffer ist mit Sicherheit sehr hoch. Wer ein Tier ohne vernünftigen Grund tötet, begeht nach § 17 Tierschutzgesetz eine Straftat. Diese wird mit Freiheitsstrafe bis zu drei Jahren oder mit Geldstrafe geahndet. Das Töten eines Wirbeltiers ohne vorherige Betäubung wird im selben Paragrafen zumindest als Ordnungswidrigkeit eingestuft und ist mit einem Bußgeld bis zu 25 000 Euro bewehrt. Sein Haustier, aber auch ein Wildtier zu ertränken, zu erschlagen, zu erschießen oder sonst wie umzubringen, ist also verboten. Einzige Ausnahme: wenn ein Tier so schwer verletzt ist, dass es sich quält und deshalb umgehend getötet werden sollte. Ist kein Veterinärmediziner vor Ort oder schnell erreichbar, kann auch ein Jäger, Polizist oder sonst jemand, der mit einer Waffe umgehen kann und darf, eine sogenannte Nottötung vornehmen.

Den folgenden Fall hat mir eine Kollegin geschildert. Er steht stellvertretend für das, was leider nach wie vor vorkommt.

Aus der Praxis

Ein älterer Herr kam mit einer Tiertransportbox in die Praxis. Die Katze darin sah verwahrlost aus. Sie hatte vereiterte Augen und nieste, dazu war sie abgemagert. Meine Kollegin schätzte sie auf höchstens zwei Jahre. Der Tierhalter forderte ohne große Vorrede, die Katze einzuschläfern. Sie fresse kaum noch, lungere nur herum und leide. Außerdem habe er Angst, sich bei der Katze mit »einem Virus oder so« anzustecken – man wisse ja, wie schnell das gehen könne.

Die Tierärztin klärte den Mann darüber auf, dass eine genaue Anamnese und verschiedene Untersuchungen nötig seien, um zu einer Diagnose zu gelangen. Wie sie die Lage einschätze, sei die Erkrankung der Katze kein Grund, sie einzuschläfern. »Ich vermute einen Katzenschnupfen. Den kann man behandeln. Und er ist auch nicht ansteckend für Menschen.« Der Besitzer war nicht zufrieden. »Sie wollen ja nur Untersuchungen machen, um möglichst viel abrechnen zu können. Dann behandelt man, und hinterher ist die Katze trotzdem noch krank. Es ist besser, sie einzuschläfern. Und das habe immer noch ich zu entscheiden. Es ist schließlich meine Katze.« – »Nein, haben Sie nicht. Ohne einen vernünftigen Grund wird kein Tier eingeschläfert. Und der liegt hier definitiv nicht vor.« Die Kollegin machte dem Tierhalter klar, dass für sie die Konsultation beendet sei, wenn er weiter auf seinem Standpunkt beharre. Daraufhin der Mann: »Wenn Sie das Vieh nicht einschläfern, nehme ich es jetzt mit nach Hause und haue mit dem Spaten drauf.« – »Das wäre ein Fall fürs Veterinäramt – mit Anzeige.«

»CONVENIENCE EUTHANASIA« – EINSCHLÄFERN GESUNDER TIERE

Immer wieder werden Tierärztinnen mit der Bitte oder Forderung konfrontiert, gesunde Haustiere einzuschläfern. Die Anlässe dafür sind vielfältig: Tierallergien, Umzug in eine Wohnung, in der Tierhaltung nicht erlaubt ist, Trennung und Scheidung, finanzielle Schwierigkeiten oder ein Jobwechsel stellen Tierbesitzerinnen plötzlich vor die schwierige Frage: Wohin mit meinem Tier? Lebenssituationen von Tierhaltern ändern sich. So wurden zum Beispiel während der Coronapandemie vielfach Hunde oder Katzen angeschafft, weil Reisen und soziale Kontakte eingeschränkt waren. Das in vielen Firmen eingeführte Homeoffice schien der ideale Anlass, den Wunsch nach einem eigenen Haustier zu verwirklichen. Man verbrachte viel Zeit zu Hause und konnte sich um den neuen Mitbewohner kümmern. Nach dem Ende der Pandemie und ihrer Einschränkungen stehen aber Reisepläne, individuelle Zeitgestaltung und Spontaneität wieder im Vordergrund. Da kann der neue Hausgenosse stören. Kaninchen und Meerschweinchen müssen auch dann noch versorgt und die Gehege gereinigt werden, wenn die Kinder, für die sie vielleicht angeschafft wurden, kein Interesse mehr daran haben. Oder es stellt sich heraus, dass Hundeerziehung doch nicht so einfach ist, wie manche Ratgeber und YouTube-Videos es suggerieren. Schnappt der Hund, hat vielleicht sogar schon andere Tiere oder Menschen gebissen, zerstört die Katze die neuen Möbel oder markiert in der Wohnung, dann suchen einige Menschen einen scheinbar einfachen Ausweg. Aber selbst wenn Tierärztin und Tierhalterin sich einig sein sollten: ein »Deal« zwischen den menschlichen Beteiligten bleibt unmoralisch, wenn er die Interessen des Tiers verletzt.

Das Einschläfern gesunder Tiere ist nach dem deutschen Tierschutzgesetz grundsätzlich verboten. In anderen Ländern wie Dänemark, Großbritannien, der Schweiz oder den USA ist die sogenannte *convenience euthanasia*, also das Einschläfern eines Haustiers allein auf Wunsch der Besitzer, straffrei. Dies stellt die Tierärztinnen dort vor besonders schwere Herausforderungen, gilt doch auch für sie die oberste Maxime, Tiere zu heilen und sich für ihr Wohlergehen und Leben einzusetzen. Massiver Druck von Tierhalterseite – »Dann gehe ich halt zu einem anderen Tierarzt!« – bis hin zur Androhung von schlechten Bewertungen im Netz oder sogar physischer Gewalt setzen auch in Deutschland Kolleginnen großem psychischem Stress aus.

Der häufigste genannte Grund, ein gesundes Tier einzuschläfern, ist in Deutschland wohl Verhaltensauffälligkeit und Aggressivität von Hunden. Aber auch hier setzt der Gesetzgeber klare Grenzen. Nur, wenn von einem Hund eine ernsthafte Gefahr ausgeht, die nicht durch eine Verhaltenstherapie oder einen Besitzerwechsel abgewendet werden kann, darf ein gesunder Hund eingeschläfert werden. Egal ob vom Tierhalter gewünscht oder gegen seinen Willen: Dieses Vorgehen erfordert immer die Einschätzung und gegebenenfalls Anordnung eines amtlichen Veterinärs.

WAS IST EIN VERNÜNFTIGER GRUND, EIN TIER EINZUSCHLÄFERN?

Es gibt dazu keine rechtlich klare Aussage. Fragen Sie Personen mit juristischem Fachwissen, dann erhalten Sie die Antwort: »Das kommt drauf an.« Der Gesetzgeber hat mit der Aussage »ohne vernünftigen Grund« eine sogenannte Generalklausel formuliert. Der Rechtsbegriff ist damit sehr weit gefasst. Denn wer wollte wirklich ausnahmslos alle vernünftigen Gründe aufzählen, die die Tötung eines Tiers rechtfertigen? Formal rechtfertigende Gründe sind die, zu denen rechtsverbindliche weitere Ausführungen bestehen, wie das Schlacht-, Jagd- oder Fischereirecht.

Aber was ist mit den ethisch rechtfertigenden Gründen, die zu Nottötung und Euthanasie führen? Was erlaubt ist und was nicht, wird zur Einzelfallentscheidung und an die Gerichte delegiert. Je mehr Urteile es dazu gibt, desto klarer wird die Lage, zumal wenn Juristen sich auf Grundsatzurteile höchster Gerichte berufen können. Trotzdem bleibt das Ganze schwierig. Diskussionen bei Facebook oder Instagram, auf Hundewiesen oder in Tierschutzvereinen werden oft sehr hitzig geführt. Manche Menschen lehnen die aktive Sterbehilfe bei Haustieren grundsätzlich und ohne Ausnahme ab. Ihnen stellt sich die Frage nach einem vernünftigen Grund zum Einschläfern nicht, da es ihn aus ihrer Sicht nicht gibt.

Doch für Tierärztinnen und die Mehrheit der Hobbytierhalterinnen ist dieses Thema von großer Bedeutung. Für uns Tierärztinnen kann es juristische Konsequenzen haben, wenn wir ein Tier einschläfern, ohne dafür einen nachvollziehbaren Grund zu haben. Mit der Generalklausel reicht der Gesetzgeber die Verantwortung ans letzte Glied der Kette durch: zu demjenigen, der handelt. Schläfert eine Tierärztin ein Tier ein und kann dafür keinen vernünftigen Grund nennen, den sie im Zweifelsfall auch durch Aufzeichnungen belegen muss, macht sie sich strafbar. Es ist zwar noch nicht vorgekommen, dass Tierärztinnen wegen einer ungerechtfertigten Tiereuthanasie zu einer Freiheitsstrafe verurteilt wurden. Doch immer wieder werden Fälle bekannt, in denen Kolleginnen zum Teil hohe Geldstrafen bezahlen mussten, weil sie nach Auffassung der Gerichte nicht ausreichend begründen konnten, warum sie ein Tier eingeschläfert haben. Wohlgemerkt: Die Tierärztinnen, nicht die Tierhalter müssen sich für das Einschläfern verantworten. Jeder Tierhalter sollte sich bewusst sein, dass auch deshalb keine Tierärztin leichtfertig oder allein auf Wunsch der Besitzer oder anderer begleitender Personen ein Tier euthanasieren wird.

Zugleich sind wir Tierärztinnen durch das Tierschutzgesetz verpflichtet, »länger anhaltende oder sich wiederholende erhebliche Schmerzen oder Leiden bei einem Tier« durch schmerzloses Töten zu beenden. Der Bundesgerichtshof (BGH) urteilte im Jahr 1982, dass es eine »Standespflicht des Tierarztes sein dürfte«, »ein ihm anvertrautes Tier zu töten, wenn eine dramatische Verschlechterung des Zustandes einen Behandlungserfolg nicht mehr erwarten lässt und es nur noch darum geht, dem Tier weitere Qualen zu ersparen«. In dringenden Fällen sogar ohne konkrete Einwilligung der Besitzer, wenn diese nicht zu erreichen sind, so der BGH.

Muss also eine verunfallte Katze mit komplizierten Knochenbrüchen auch ohne Einwilligung des Besitzers eingeschläfert werden, wenn dieser nicht zu ermitteln ist? Ist die einmalige Beißattacke eines Schäferhunds schon ein Grund, ihn zu töten? Sollte der demente, inkontinente Dackel mit einem Bandscheibenvorfall noch weiterleben? Muss ein Tierbesitzer die Kosten von mehreren Tausend Euro für eine Operation aufbringen oder darf er sich auch dagegen entscheiden und seine Katze einschläfern lassen?

»DAS KOMMT DRAUF AN ...«

Die Euthanasie von Tieren ist eine tierärztliche Sterbehilfe. Nicht die Nutzung und Verarbeitung des Tierkörpers, nicht ein menschliches Interesse ist hier der »vernünftige Grund«, sondern der Tod selbst. Das Einschläfern setzt voraus, dass es im mutmaßlichen Interesse des Tiers ist, zu sterben.

Schwierig und belastend wird das Einschläfern für die Beteiligten, wenn erkennbar nicht das Wohlergehen des Tiers, sondern ökonomische oder andere Beweggründe der Menschen dahinterstehen. Oder wenn Menschen sich schuldig fühlen. Zum Beispiel weil sie körperlich, psychisch oder materiell nicht in der Lage sind, das Tier so zu versorgen oder zu betreuen, dass Leiden und Schmerzen gelindert werden können. Als Alternative zu einer Therapie kommt dann für sie häufig nur die Euthanasie in Frage.

Aus der Praxis

»Ihr Kater hat Diabetes. Er ist zuckerkrank. Dadurch ist auch seine Leber stark belastet. Die Blutwerte sind sehr schlecht.« Mit dieser Diagnose hat Herr Ulrich nicht gerechnet. Er ist mit Quincy in die Sprechstunde gekommen, weil der zwölf Jahre alte Kater in letzter Zeit stark an Gewicht verloren hat – und das bei anfänglich gutem Appetit. Zudem ist Quincy sehr schwach geworden. »Er springt noch nicht

mal mehr auf seinen Lieblingsplatz auf der Fensterbank!« Inzwischen frisst der Kater gar nicht mehr und trinkt viel. Außerdem zeigt er neurologische Ausfälle im Bereich der Hinterbeine. Dies ist bei Katzen ein häufiges Symptom der Zuckerkrankheit. Eine Blutuntersuchung bestätigt die Diagnose. Deswegen habe ich Herrn Ulrich gebeten, zur Besprechung in die Praxis zu kommen.

Herr Ulrich liebt seinen Kater über alles. Der alleinstehende Frührentner ist aufgrund einer Parkinsonerkrankung auf die Hilfe seiner Schwester angewiesen. Diese begleitet ihn oft zu Tierarztbesuchen und ist auch heute dabei. »Was bedeutet das jetzt für Quincy?«, fragt sie mich, als ich ihnen die Blutwerte erklärt habe. Für den Kater gibt es zur damaligen Zeit, Anfang der 2010er-Jahre, nur eine Therapiemöglichkeit: »Sie müssen ihm zweimal täglich Insulin spritzen.« Ich erkläre Herrn Ulrich und seiner Schwester, wie die Einstellung auf ein Insulinpräparat bei Katzen erfolgt. Gerade zu Beginn der Therapie erfordert Diabetes bei der Katze dann auch eine sehr gute Mitarbeit der Tierhalter. Wird der Blutzuckerspiegel nicht regelmäßig durch ein häusliches Monitoring überprüft, besteht die Gefahr einer gefährlichen Unterzuckerung. Auch dauert es meist mehrere Wochen, bis die Blutzuckerwerte einigermaßen unter Kontrolle sind. Während ich noch rede, merke ich schon, wie Herr Ulrich unruhig wird. »Frau Doktor, verstehen Sie mich nicht falsch. Aber wie soll ich das schaffen? Ich bin selbst chronisch krank, und das wird sich verschlimmern. Ich kann das bei Quincy nicht leisten.« Der Kater ist kein Schmuser. Zu Hause lässt er sich von Herrn Ulrich einigermaßen anfassen, aber eine Behandlung in der Praxis gestaltet sich schwierig. Uns allen ist klar, dass Herr Ulrich recht hat. Er wird die Behandlungen nicht durchführen können. Gleichzeitig müssen wir eine Lösung finden, denn Quincy geht es schlecht. »Könnte Ihnen jemand helfen? Den Kater festhalten oder die Injektionen für Sie verabreichen?« Beide schütteln traurig den Kopf. Herrn Ulrichs Schwester kommt zwar regelmäßig, um ihren Bruder zu unterstützen. Aber mehrmals täglich, das wird sie nicht schaffen. Und Quincy abgeben? Für Herrn Ulrich nicht vorstellbar. Auch sind wir uns im Praxisteam einig, dass es sehr schwer, wenn nicht aussichtslos ist, ein neues Zuhause für Quincy zu finden. Tierheime und Pflegestellen sind chronisch überlastet, und Quincy ist keine einfache Katze. Noch dazu mit der Aufgabe, das Tier täglich mehrmals mit Blutzuckerkontrolle und Injektionen zu stressen. Also einfach alles so lassen und zuschauen, wie es dem Kater immer schlechter geht? Herr Ulrich erbittet sich Bedenkzeit. Und wir versprechen, uns umzuhören. Vielleicht tut sich doch eine Pflegestelle oder eine andere Möglichkeit für Quincy auf. Nach einer Woche telefoniere ich mit Herrn Ulrich. Quincys Zustand hat sich weiter verschlechtert. Der Kater ist apathisch und erbricht mehrmals täglich. Wir vereinbaren einen Termin noch am selben Tag. Schon bei seiner Ankunft kämpft Herr Ulrich mit den Tränen. »Ich fühle mich so schuldig. Ich kann Quincy nicht helfen. Und jetzt spreche ich sein Todesurteil.« Eine schwierige Situation. Ich fasse die Fakten zusammen: »Quincy quält sich. Wir können ihn so nicht weiterleben lassen. Die Therapie, die ihm vielleicht helfen könnte, lässt sich nicht durchführen. Einerseits können Sie es körperlich nicht. Und andererseits bedeutet *die Therapie für Quincy großen Stress und somit neues Leid. Wenn Sie ihn abgäben, hätte er kein gutes Leben, selbst wenn eine Therapie anschlägt.« Ich kann Herrn Ulrichs Problem nicht lösen. Ich kann ihm die Entscheidung zur Euthanasie nicht abnehmen. Aber ich kann ihm wenigstens ein bisschen die Schuldgefühle nehmen. Er hat ernsthaft versucht, Quincy zu helfen. Er würde ihn sogar schweren Herzens abgeben, wenn es für den Kater besser wäre. Wenn wir Quincy jetzt einschläfern, dann nicht aus Bequemlichkeit oder mangelnder Tierliebe. Unter Abwägung aller Optionen ist die Euthanasie für Quincy und Herrn Ulrich die beste Lösung. Quincy stirbt friedlich in den Armen seines weinenden Besitzers.*

LEBEN LASSEN UM JEDEN PREIS – IST DAS NICHT TIERQUÄLEREI?

Das deutsche Tierschutzgesetz verpflichtet Besitzerinnen nicht wörtlich dazu, ihr Tier im Krankheitsfall tierärztlich behandeln zu lassen, so wie es zum Beispiel das österreichische Tierschutzgesetz tut. Doch in § 2 TierSchG steht:

> *»Wer ein Tier hält, betreut oder zu betreuen hat, muss das Tier seiner Art und seinen Bedürfnissen entsprechend angemessen ernähren, pflegen und verhaltensgerecht unterbringen.«*

Zusammen mit dem Verbot, ihm Schmerzen und Leiden zuzufügen, impliziert dieser Paragraf auch die Verpflichtung zur tierärztlichen Versorgung im Krankheitsfall. »Pflegen« bedeutet nicht nur Fellbürsten, sondern auch Sorge um das Wohlbefinden und die Gesundheit eines Tiers. Wenn Besitzerinnen ihrer Verpflichtung dazu nicht nachkommen, verwirken sie in letzter Konsequenz das Recht, über ihr Tier frei zu entscheiden. Auf Tiere werden zwar laut Bürgerlichem Gesetzbuch (BGB) Vorschriften angewendet, die auch für Sachen gelten. So können sie verkauft, verschenkt oder vermietet werden. Aber § 90a BGB stellt klar:

> *»Tiere sind keine Sachen. Sie werden durch besondere Gesetze geschützt.«*

Wo das Tierschutzgesetz klar übertreten wird, kann das Eigentumsrecht am Tier behördlich aufgehoben werden. Einer Anzeige beim Ordnungs- oder Veterinäramt gehen Amtstierärztinnen nach. Liegen schwere Verstöße gegen das Tierschutzgesetz vor, können Tiere beschlagnahmt und einem Tierheim oder sonstigen Pflegestellen übergeben werden.

Es ist gesetzeswidrig, einem Tier notwendige tierärztliche Therapie zu verweigern. Aber Tierbesitzer machen sich auch schuldig, wenn sie Hund oder Katze, Kaninchen oder Meerschweinchen weiterleben lassen, obwohl die Tiere leiden und alle Therapiemöglichkeiten ausgeschöpft sind.

»Bis vor einiger Zeit war da noch gar nichts, Frau Doktor. Und Flori ist auch total munter. Das stört sie gar nicht!« Ich blicke auf den höckrigen, fast apfelsinengroßen offenen Tumor, der unter dem Brustkorb der Terrierhündin baumelt. Die Hündin geht mir nicht ganz bis zum Knie, ein Wunder, dass der Tumor noch nicht über den Boden schleift. Ich kenne Frau Z. nicht. Sie sagt, sie sei mit Flori in tierärztlicher Behandlung bei einer Kollegin, den Namen der Praxis kann sie aber nicht nennen. Von uns möchte sie »nur irgendeine Salbe« für die offenen Stellen haben. Schmerzen habe Flori nicht, das habe ihr die andere Tierärztin bestätigt. »Das geht prima so. Und operieren lass ich sie nicht mehr. Ich will sie in ihrem Alter nicht mehr quälen.« Flori ist 14. Das Herz hört sich gut an. Eine Operation wäre jederzeit möglich. Und der Tumor ist in diesem Stadium für die Hündin viel schlimmer, als zumindest eine frühzeitige OP es gewesen wäre. Ich mache Frau Z. klar, dass weder Salben noch irgendwelche Tabletten ihrem Hund helfen. Operation oder Euthanasie, das sind die zwei Optionen. Auf jeden Fall sind vor einer OP aber Röntgenaufnahmen notwendig, um eine etwaige Tumorstreuung festzustellen. Darauf lässt Frau Z. sich schließlich ein. Das Röntgen des Brustkorbs bestätigt: Beide Lungenlappen sind mit Metastasen durchsetzt. Der Krebs, der vom Gesäuge ausgeht, hat schon gestreut. Eine Operation wäre sinnlos. Der Hund sollte aber auch nicht mit einem so großen Tumor und offenen Wunden weiterleben. Ich rate zur Euthanasie. »Was? Heute? Nein, das geht nicht. Frau Doktor, ich nehme Flori mit nach Hause *und lasse sie dann bei meiner Tierärztin einschläfern.« – »Frau Z., wenn Sie Flori bei Ihrer Haustierärztin einschläfern lassen möchten, ist das Ihr gutes Recht. Aber ich werde an der Sache dranbleiben. Wenn Sie Flori nicht zeitnah euthanasieren lassen, werde ich das Veterinäramt informieren.« Es ist schwierig, mit Kolleginnen Informationen über Kunden und ihre Tiere auszutauschen, wenn die Besitzer dem nicht zustimmen. Datenschutz und Schweigepflicht sind oberstes Gebot. Ich kann nicht in den benachbarten Tierarztpraxen anrufen und fragen, ob Flori bei ihnen behandelt oder eingeschläfert wurde. Da es sich hier aber um einen tierschutzwidrigen Fall handelt, informiere ich das Veterinäramt. Die Kollegin im Amt darf Auskunft erhalten, sich vom Zustand der Hündin ein Bild machen und gegebenenfalls eine Euthanasie anordnen.*

In diesem Fall ist das nicht nötig. Sechs Tage später ruft mich die Amtstierärztin an: Flori ist zu Hause gestorben. Frau Z. hat noch eine Kollegin angerufen, ob diese schnell kommen könne, ihrer Hündin gehe es ganz plötzlich schlecht. Doch die Kollegin, die die Hündin ebenfalls noch nie gesehen hatte, kommt zu spät. Bei ihrem Eintreffen ist Flori schon tot.

Als Tierärztin darf ich ein Haustier grundsätzlich nicht gegen den Willen der Besitzerin einschläfern. Töte ich ein Tier ohne Erlaubnis des Halters, mache ich mich der Sachbeschädigung schuldig. Um ein leidendes Tier gegen den Halterwillen zu erlösen, bedarf es einer behördlichen Anordnung. Dies ist in § 16a TierSchG festgelegt:

»Die Behörde kann das Tier auf Kosten des Halters unter Vermeidung von Schmerzen töten lassen, wenn [...] das Tier nach dem Urteil des beamteten Tierarztes nur unter nicht behebbaren erheblichen Schmerzen, Leiden oder Schäden weiterleben kann.«

Aber nicht nur Tierhalterinnen allein können sich manchmal nicht vom Tier trennen, obwohl es ethisch angezeigt wäre. Auch unter Tierärztinnen gibt es verschiedene Ansichten, wo eine Therapie beendet werden sollte. So kann die Gefahr bestehen, dass ein Haustier »übertherapiert« wird, weil Besitzer es fordern und Tierärztinnen dem Ansinnen nachgeben. Das geschieht aus wirtschaftlichen Gründen – was bezahlt wird, wird gemacht –, häufig auch aus Mitleid mit dem verzweifelten Menschen, dem man das geliebte Tier nicht entziehen will. Und wieder andere Tierärztinnen kämpfen mit aller Macht um das Leben jedes Tiers und wollen es medizinisch unter keinen Umständen aufgeben. Dann ist es gut, wenn eine Tierärztin nicht allein entscheidet, sondern der jeweilige Fall im Team objektiv diskutiert wird – unter Einbeziehung aller Aspekte wie Lebensqualität des Tiers, Bedürfnisse der Besitzer, Kosten, Sinnhaftigkeit und Erfolg einer Therapie.

DIE FRAGE NACH VERANTWORTUNG UND SCHULD

Viele Menschen haben Schuldgefühle, wenn sie über eine Euthanasie ihres Tiers nachdenken oder ein Haustier haben einschläfern lassen. Manche schämen sich, darüber zu sprechen. Wieder andere suchen das Gespräch mit der Tierärztin, um eine Legitimation für ihre Entscheidung zu bekommen. Am einfachsten ist es, wenn eine eindeutige Diagnose vorliegt, die gegen ein Weiterleben des Haustiers spricht. Schwieriger sind die Fälle, in denen es Therapiemöglichkeiten gibt, die von den Besitzerinnen nicht geleistet werden können – sei es aus finanziellen Gründen, sei es körperlich oder psychisch bedingt. Auch lässt sich nicht jede Katze, jedes Meerschweinchen oder jeder Hund einfach so behandeln. Und nicht jede Therapie, die durch den Fortschritt der Tiermedizin möglich ist, ist auch sinnvoll und wirklich zum Wohle des Tiers.

Die deutsche Tierärzteschaft hat 2015 einen Ethikkodex verfasst. Es ist eine Selbstverpflichtung, eine Art »Hippokratischer Eid« für Veterinärmediziner. Darin heißt es: *»Wir Tierärztinnen und Tierärzte richten Tierbehandlungen stets am Wohlbefinden der Tiere aus und [...] orientieren jedes tierärztlich-kurative Handeln am Ziel der Wiederherstellung, des Erhalts oder der Verbesserung der individuellen Lebensqualität der Tiere.«* Aus der hier beschriebenen inneren Haltung haben auch wir Tierärztinnen bisweilen Schwierigkeiten, wenn abgewogen werden muss zwischen dem Erhalt des Tierlebens und der Entscheidung zur Euthanasie. In Grenzfällen wie dem von Quincy beraten wir uns im Team, was für alle Beteiligten das Beste ist. Vor allem aber für das Tier. Tierhalter müssen als Eigentümer die Entscheidung für oder gegen eine Therapie, für oder gegen die Euthanasie treffen. Mein Einfluss als Tierärztin auf diese Entscheidung ist aber immens. Denn nur Tierärztinnen können aufgrund ihres Wissens und ihrer Erfahrung beurteilen, welche Optionen das Tier hat. Tierbesitzerinnen verlassen sich auf meine fachliche Einschätzung. Im besten Fall haben sie so viel Vertrauen, dass sie ihre Entscheidung aufgrund meiner Empfehlung fällen. So sind es nicht nur die rechtlichen Vorgaben, die mich sehr genau überlegen lassen, ob ich einer Kundin dazu rate, ihren Hund, ihre Katze einschläfern zu lassen. Im Zweifelsfall bitte ich Kolleginnen um Rat, auch, um eine Diagnose zu bestätigen. Denn die Schuldfrage stellen sich Tierhalter und Tierärztinnen am ehesten dann, wenn sie Sorge haben müssen, das Leben eines Haustiers zu früh oder aufgrund einer falschen Diagnose zu beenden.

»ICH BIN DOCH NICHT GOTT …«

Auch nach gründlicher Diagnostik und gut abgewogenen Argumenten für eine Euthanasie scheuen viele Tierhalterinnen davor zurück, die Entscheidung zu treffen und die Verantwortung für den Tod ihres Haustiers zu übernehmen.

Dabei spielt nicht nur die Angst vor dem Verlust des Haustiers eine Rolle.

Aus der Praxis

»Frau Doktor, das geht doch nicht. Ich kann Othellos Leben nicht einfach so beenden. Ich bin doch nicht der liebe Gott!« Frau Peuschel ist erschüttert. Doch vor allem ist sie ratlos. Und traurig. Othello, ihr 13 Jahre alter Golden Retriever, kann nicht mehr. Er hat hochgradige schmerzhafte Arthrose in beiden Hüftgelenken. Frau Peuschel hat sich aufgrund seines hohen Alters gegen eine Operation und künstliche Hüftgelenke entschieden. Nun helfen die Schmerzmittel nicht mehr, Othello schleppt sich nur noch höchst mühsam vor die Tür. Beim Aufstehen muss sie ihm helfen. Wir müssen eine Entscheidung treffen. »Ich bin nicht der liebe Gott!« Nein. Aber ein Hundeleben lang hat sie als Besitzerin für Othello bestimmt, was er frisst, wie viel und wann. Ob es heute eine lange oder kurze Spazierrunde wird, ob er aufs Sofa darf oder ins Bett. Sie hat ihm bei Regen ein Mäntelchen angezogen und ihn, als er älter wurde, im Fahrradanhänger durch die Gegend gefahren. Sie hat Othello nie zu läufigen Hündinnen gelassen. Obwohl er bestimmt gerne gewollt hätte. Alle Entscheidungen hat sie für ihn getroffen. Das Leben, das Haustiere bei Menschen führen, ist nie selbstbestimmt. Trotzdem kann es ein gutes Tierleben sein. Othello hat das beste Futter bekommen. Frau Peuschel ist mit ihm zu uns in die Praxis gekommen, wenn er krank war. In den

letzten Jahren wurde ihm trotz Krankheit durch Medikamente und Physiotherapie ein gutes Leben ermöglicht. »Ohne Sie und Ihre Fürsorge würde Othello schon lange nicht mehr leben. Und vor allem: Sie haben ihm ganz viel Liebe gegeben. Für Othello sind Sie wie der liebe Gott! Und nun sollten Sie sich gerade wegen dieser Liebe dazu durchringen, ihn einschläfern zu lassen. Denn er hat es nicht verdient zu leiden.«

Wer ein Haustier anschafft, geht Verpflichtungen ein. Und diese enden nicht dann, wenn es dem Tier trotz medizinischer Hilfe schlecht geht.

Ein Lieblingsargument von Tiereuthanasie-Gegnern ist der Satz: »Ein Wolf oder eine Wildkatze stirbt auch von allein, wenn es so weit ist. Da hilft auch niemand nach.« Und noch einer: »Wir bringen Oma ja auch nicht um, nur weil sie alt ist.« Diese Vergleiche hinken nicht nur, sie sind schlicht falsch. Schicksale von Menschen und Tieren lassen sich nicht gleichsetzen. So hielte zum Beispiel kein Tierhalter die Lebensqualität einer vom Hals abwärts gelähmten Katze für akzeptabel. Bei Menschen wird das selbstverständlich anders gesehen. Auch therapeutisch gelten andere Maßstäbe. Älteren und chronisch kranken Menschen wird – wenn machbar – medizinisch alles ermöglicht. Bei alten Tieren wird zu Recht abgewogen, ob eine größere Operation noch sinnvoll und dem Tier zuzumuten ist. Auch Demenzerkrankungen werden bei Menschen und Tieren anders bewertet. Wilde Tiere in der Natur unterliegen den Gesetzen der Natur.

Ist ein Tier schwer krank oder aufgrund seines Alters zu schwach, so wird es sich nicht über einen langen Zeitraum quälen. Niemand füttert und päppelt es oder versorgt es intravenös mit Flüssigkeit, wenn es nicht selbstständig fressen und trinken kann. In der Nahrungskette gibt es Fressfeinde, die Schwäche nutzen. Bei Raubtieren übernehmen jüngere, stärkere Tiere die Führung. In einem Kampf mit ihnen unterliegt das alte oder kranke Tier und wird getötet.

Bei domestizierten Tieren, die in freier Wildbahn nicht überleben könnten, greift die Evolution nicht ein. Das tut der Mensch. Haustiere haben durch menschliche Selektion und Zucht anatomisch oft erhebliche Einschränkungen in Bewegung, Sinneswahrnehmung und anderen Bereichen wie Fellpflege, Temperaturregulation und Kommunikation. Wir Menschen ermöglichen ihnen durch unsere Fürsorge und Hilfestellung ein gutes Leben. Aber sobald sie auf sich allein gestellt sind, kommen sie nicht mehr klar. Das Fell einer Perserkatze, die draußen herumläuft und nicht regelmäßig gebürstet wird, verfilzt nach kurzer Zeit so sehr, dass es eine Art »Panzer« um ihren Rumpf bildet und das Tier in seiner Beweglichkeit massiv behindert. Eine Französische Bulldogge könnte aufgrund ihrer Kopfform keine Beute jagen. Ein Chinchilla ist für die klimatischen Verhältnisse in Mitteleuropa absolut ungeeignet. Farbratten wären schnell Opfer von Raubvögeln oder Füchsen. Chronisch kranke Tiere brauchen Medikamente. Damit können sie gut alt werden. In Obhut der Menschen können sie leben, ohne sie nicht. Und deswegen ist uns Menschen auch das Einschläfern, wenn die Indikation gegeben ist, nicht nur erlaubt, sondern sogar eine Verpflichtung.

MEIN RAT

Wenn es medizinisch begründet ist, ein Tier zu erlösen, dürfen Sie ein Stück der Verantwortung für diese Entscheidung abgeben. Besprechen Sie sich mit der Tierärztin Ihres Vertrauens und mit anderen Menschen aus Ihrem Umfeld. Schuldgefühle bezüglich einer Euthanasie können Sie so zwar nicht generell vermeiden, aber minimieren. Bedenken Sie: Ihr Tier hat ein Recht auf Leben. Aber genauso hat Ihr Tier ein Recht auf ein möglichst leid- und schmerzfreies Dasein. Es kann sich nicht selbst helfen. Sie brauchen sich nicht schuldig zu fühlen, wenn Sie ein leidendes Tier nach Abwägung all Ihrer Möglichkeiten euthanasieren lassen. Schlimm wäre es, wenn Sie aus Egoismus zögerten, sich aus der Verantwortung zögen und so Tierleid verlängerten.

»Und was kostet das alles?« – Über Geld sprechen

Die Tiermedizin hat sich in den vergangenen Jahrzehnten rasant weiterentwickelt. Diagnose- und Behandlungsmöglichkeiten erreichen in immer mehr Bereichen das Niveau der Humanmedizin. Dies gilt vor allem für die Kleintiermedizin. Heute sind viele Verfahren Standard, an die vor zwanzig Jahren noch niemand gedacht hat. Doch das alles muss auch bezahlt werden. Tierhaltung ist ein kostenintensives Hobby, und die tiermedizinische Versorgung hat daran einen erheblichen Anteil. Besonders im letzten Lebensabschnitt eines Haustiers spielt neben den anderen drängenden Fragen, die in diesem Buch behandelt werden, die nach den Kosten für viele Menschen eine Rolle – für Tierbesitzerinnen ebenso wie für Tierärztinnen. Für das Leben des Haustiers kann diese Frage existenziell sein: »Lohnt« sich eine Behandlung noch? Gibt es eine (finanzielle) Grenze? Und lässt sich diese überhaupt objektiv festlegen? Dürfen wirtschaftliche Aspekte ein Grund für eine Euthanasie sein? Und wenn ja, gibt es einen Betrag, wie viel ein Besitzer zu zahlen bereit sein muss?

Ich lehne eine Euthanasie grundsätzlich ab, wenn Hund, Katze oder kleine Heimtiere durch eine gängige Therapie geheilt werden können. Mit Kosten von einigen Hundert Euro, bei Operationen schnell auch einem vierstelligen Betrag, muss jede Tierhalterin rechnen, wenn ihr Tier erkrankt. Sie sollte in der Lage und bereit sein, diese auch zu bezahlen. Auch hier gibt es Grenzfälle, auf die ich noch eingehen werde. Aber mangelnde Zahlungsbereitschaft der Tierbesitzer allein darf nicht über Leben oder Tod des Tiers entscheiden. Prinzipiell gilt: Ob weiter behandelt wird oder man das Tier einschläfert, lässt sich in der Regel nur unter Berücksichtigung aller Umstände entscheiden. Grundlage sollte immer eine sorgfältig gestellte Diagnose sein. Der Ersteindruck oder die subjektive Sicht der Tierhalter ist nicht ausreichend. Eine belastbare Diagnose und Prognose erfordern ein Mindestmaß an Diagnostik, gegebenenfalls auch mit bildgebenden Verfahren wie Röntgen und Ultraschall sowie Laboruntersuchungen. Zumindest dies haben die Tierhalter zu akzeptieren – und zu bezahlen.

Für die Therapiekosten wiederum gibt es nicht die objektive Grenze, ob und wie lange ein Tier behandelt werden sollte. Eine Summe, die für die eine Tierbesitzerin akzeptabel ist, liegt für eine andere schon deutlich jenseits ihrer finanziellen Schmerzgrenze. Und das ganz unabhängig von den Vermögensverhältnissen. Für mich als Tierärztin gilt: Je geringer die Erfolgsaussichten und je älter das Tier, desto eher kann ich die Ablehnung einer kostenintensiven tierärztlichen Maßnahme verstehen und unterstützen. Es ist nachvollziehbar, wenn Tierhalter die Entfernung einer krebsverdächtigen Milz bei einem vierzehn Jahre alten Labrador ablehnen. Die Operation eines Knochenbruchs bei einer ansonsten gesunden vier Jahre alten Katze aus Kostengründen abzulehnen und die Euthanasie zu fordern, ist dagegen nicht okay.

GELD ODER LEBEN? – ZWISCHEN (KOSTSPIELIGER) THERAPIE UND EUTHANASIE

Wir erleben in der Praxis im Grunde drei Szenarien, in denen Kosten für die Entscheidung zwischen Therapie oder Beendigung des Tierlebens eine Rolle spielen:

Im ersten Fall sind Tierhalterinnen nicht bereit, eine in ihren Augen zu teure Behandlung zu bezahlen. Im zweiten Fall ist die Therapie sehr kostspielig. Hier ist zwischen den Kosten und dem Nutzen für das Tier abzuwägen, wobei das Alter des Tiers und die Erfolgsaussichten der Behandlung in die Entscheidung einfließen. Ein dritter und bekümmernder Fall liegt vor, wenn eine Therapie möglich und sinnvoll ist, Tierbesitzer sich aber mit den Kosten überfordert fühlen.

WENN TIERHALTER EINE THERAPIE NICHT BEZAHLEN WOLLEN

Dass Tierbesitzer eine Therapie aus Kostengründen ablehnen, kommt immer wieder vor. Besonders bei Tieren, die es für deutlich unter 100 Euro in Tierhandlungen zu kaufen gibt, etwa Kaninchen, Hamster oder Meerschweinchen, bedenken manche Halterinnen nicht, dass die tierärztliche Behandlung zum Teil ein Vielfaches des Anschaffungswertes kostet.

Das schon mehrfach zitierte Tierschutzgesetz verpflichtet Tierhalter dazu, ein Tier »*seiner Art und seinen Bedürfnissen entsprechend angemessen [zu] pflegen*«. Dazu gehört auch, ein erkranktes Tier tierärztlich behandeln zu lassen und die Kosten dafür zu übernehmen, wenn das nötig und möglich ist. Das Töten eines Tiers ist rechtlich keine gleichwertige Alternative zur Behandlung. Wieder sind wir beim »vernünftigen Grund«, der laut Tierschutzgesetz vorliegen muss, um ein Tier einzuschläfern.

WAS SIND ZUMUTBARE KOSTEN?

Wirtschaftliche Aspekte dürfen in die Überlegung von Tierärztinnen und Tierbesitzerinnen einfließen. Tierärztinnen müssen abwägen, ob das Weiterleben des Tiers für die Halter tragbar ist und ihnen die Kosten objektiv zuzumuten sind. Durch Tierethiker verfasste Entscheidungshilfen formulieren allerdings deutlich, dass eine Euthanasie aus Kostengründen nur dann in Erwägung gezogen werden darf, wenn die Kosten der Therapie für Tierhalter eine »unbillige Härte« bedeuten. Es gibt keine gesetzliche Vorgabe, bis zu welcher Höhe konkret, also in Euro, Tierhalter die Kosten einer tierärztlichen Behandlung tragen müssen. Aber die Obergrenze für Behandlungskosten beim Anschaffungswert eines Tiers anzusetzen, widerspricht klar dem Tierschutzgedanken. Juristisch wird als Maßstab oft die Schadensersatzpflicht bei Tierschädigungen herangezogen. In § 251 (2) des Bürgerlichen Gesetzbuchs (BGB) heißt es dazu:

»Die aus der Heilbehandlung eines verletzten Tiers entstandenen Aufwendungen sind nicht bereits dann unverhältnismäßig, wenn sie dessen Wert erheblich übersteigen.«

Diverse Urteile setzen ein Vielfaches des Anschaffungswerts etwa einer »Bauernhofkatze« oder eines Hunds aus dem Tierschutz an, für den eine Schutzgebühr von wenigen Hundert Euro gezahlt wurde. In einem Fall aus dem Jahr 2019 musste ein Beklagter für ein Pferd mit einem Schätzwert von 300 Euro mehr als 14 000 Euro Behandlungs- und Operationskosten an den Besitzer zahlen. Der Hund des Beklagten hatte das alte Pferd über die Weide und durch angrenzendes Gelände gehetzt, sodass es sich schwere Verletzungen zuzog. Das Beispiel zeigt, dass Therapiekosten unabhängig vom Anschaffungs- oder Verkaufswert des Tiers sehr hoch sein können.

Frau Tödtmann kommt mit dem Kaninchen Lillifee in die Sprechstunde. Lillifee gehört ihrer acht Jahre alten Tochter. Das Zwergkaninchen frisst nicht mehr und sitzt mit aufgekrümmtem Rücken und hochgradig aufgeblähtem Bauch in der Box. Es hat ungewohntes Futter bekommen: Kohlrabiblätter aus der Gemüserestebox im Supermarkt. Das führte zu Gasbildung im empfindlichen Magen-Darm-Trakt und starken Bauchschmerzen. Nachdem ich Lillifee untersucht habe, erkläre ich die folgenden Schritte. Ich werde Lillifee röntgen, um meinen Verdacht zu bestätigen. Dann bekommt sie Injektionen, eventuell auch eine Infusion zur Kreislaufstabilisierung. Frau Tödtmann und ihre Tochter werden Lillifee über einen gewissen Zeitraum mit Spezialfutter päppeln müssen, also zwangsernähren, bis sie wieder selbstständig frisst. Die Prognose ist aber gut. Als ich neben dem pflegerischen Aufwand die voraussichtlichen Kosten anspreche, interveniert die Kundin. »Ich denke, es wäre besser, wenn Sie das Tier einschläfern. Es soll sich nicht quälen. Und so viel Geld für eine Behandlung – dafür bekommen wir ja locker zwei neue Kaninchen!« Rein wirtschaftlich gedacht, hat sie recht. Aber Kaninchen sind Lebewesen und kein Elektrogerät, das man austauscht, wenn die Reparatur den Anschaffungswert übersteigt. Mit diesem Gedanken konfrontiert, kann ich Frau Tödtmann davon überzeugen, dass es keinen Grund gibt, Lillifee einzuschläfern. Und wenige Stunden nach Beginn der Therapie geht es Lillifee schon deutlich besser.

WENN NUR EINE KOSTSPIELIGE THERAPIE HELFEN KANN

Manchmal scheinen Tierhalterinnen die Kosten einer Therapie zu hoch zu sein. Und ja: Auch wenn der Besitzer zur adäquaten Pflege und Haltung seines Tiers verpflichtet ist, heißt das nicht, dass es gar keine Obergrenze für die Belastung von Tierhaltern gibt. Auch in der Humanmedizin gibt es eine Deckelung der finanziellen Kosten, die für eine Behandlung angesetzt werden. Das Wohlergehen eines Tiers und sein Weiterleben sollte nur nicht primär von den Vermögensverhältnissen des Tierhalters abhängen. Es gibt aber auch die umgekehrte Situation: dass Kosten in immenser Größenordnung bereitwillig in Kauf genommen werden, wenn nur der Schimmer einer Hoffnung besteht, das Tier zu heilen. Dann stellen sich andere, ebenso bedenkenswerte Fragen. Auf veterinärmedizinischen Kongressen präsentieren Expertinnen der jeweiligen tiermedizinischen Fachrichtungen, wie Kardiologie, Chirurgie oder Internistik, den aktuellen Stand der Tiermedizin. Die Praktikerinnen lernen neue Diagnoseverfahren und Therapieoptionen kennen. So bleiben die Tierärztinnen up to date. Davon profitieren tierische Patienten und ihre Besitzer. Vieles ist auch für Haustierärztinnen, also die Allrounder unter uns, praxisrelevant. Anderes können nur spezialisierte Tierkliniken durchführen. Es ist gut, dass die Forschenden immer wieder Neuland betreten, um die Tiermedizin voranzubringen. Teure Therapien, und damit meine ich solche, deren Kosten überhaupt erst im vierstelligen Bereich beginnen, sind nicht »reine Geldmacherei«. Gerade moderne Verfahren benötigen oft sehr aufwendige Medizintechnik – und tiermedizinische Spezialisten, die die Methoden auch beherrschen. Aber ob das Machbare immer sinnvoll ist? Tierbesitzer stehen vor einem Dilemma, wenn ihnen kostenintensive Therapien angeboten werden, die sie an ihre finanziellen Grenzen bringen. Zweifel sind besonders dann erlaubt, wenn ein Eingriff mit hohen Risiken einhergeht oder die Chancen auf eine Heilung gering sind.

Aus der Praxis

Nico ist gerade erst zehn Monate alt und hat doch schon eine lange Krankengeschichte. Der kleine Britisch-Kurzhaar-Kater leidet an einer angeborenen Blutgefäßmissbildung der Leber, einem sogenannten Lebershunt. Weil Blutgefäße die Leber umgehen, kann diese Giftstoffe im Blut nicht abbauen, außerdem fehlen dem Körper Nährstoffe, die eigentlich in der Leber produziert werden. Zeitweilig ging es Nico so schlecht, dass wir Tierärztinnen mit den Besitzern, zwei Brüdern, bereits über eine mögliche Euthanasie sprachen. Der Kater hatte schwere neurologische Beeinträchtigungen, die einer Epilepsie ähnelten. Er wuchs nicht richtig, litt unter Infektionen und Blasensteinen.

Um Nico ein halbwegs beschwerdefreies Leben zu ermöglichen, muss er operiert werden. Die überzähligen Gefäße müssen stückweise geschlossen werden. Diese Art Eingriff geht oft mit Komplikationen einher und wird nur von wenigen Spezialisten durchgeführt. Wie sie ausgeht, ist schwierig vorherzusagen. Oft sind weitere Operationen nötig. Aufgrund der vorsichtigen Prognose und zu erwartenden Kosten von mehreren Tausend Euro wäre es verständlich und legitim gewesen, hätten Nicos Besitzer sich gegen eine Operation entschieden. Doch nach der endgültigen Diagnose steht für sie fest, dass sie es versuchen und den kleinen Kater operieren lassen wollen. Ich überweise sie zur Uniklinik. Zunächst sieht es gut aus, die erste Operation scheint geglückt zu sein. Der Kater braucht noch eine Spezialdiät, Medikamente und engmaschige Blutkontrollen. Dann soll eine zweite Operation folgen, um die genannten Blutgefäße endgültig zu schließen. Leider bleibt Nicos Zustand nicht lange stabil. Seine Blutwerte werden schlechter, er bekommt Krampfanfälle, ist appetitlos, meistens schläft er. Seine Besitzer stellen ihn erneut in der Uniklinik vor. Das Blut fließt weiter nicht durch die Leber, es haben sich neue Shuntgefäße gebildet. Ob die geplante zweite Operation überhaupt durchgeführt werden kann, ist fraglich. Solange es Nico so schlecht geht, wäre die Narkose sehr riskant. Während für den einen Bruder nach wie vor klar ist, dass Nico um jeden Preis weiter behandelt werden soll, kommen dem anderen Zweifel. »Wir haben jetzt schon über achttausend Euro für Nico bezahlt. Und es sind ja nicht nur die Kosten. Wer garantiert uns, dass nach einer weiteren Operation alles gut ist?« Das kann niemand, auch nicht die Kolleginnen in der Uniklinik. »Aber gerade weil wir schon so viel bezahlt haben, können wir doch jetzt nicht aufgeben«, *argumentiert dagegen der andere Bruder. Zwei Wochen später bekomme ich die Rückmeldung einer Kollegin. Sie hat Nico am Wochenende eingeschläfert. Sein Zustand hatte sich noch weiter verschlechtert. Zu einer zweiten OP ist es nicht mehr gekommen.*

MEIN RAT

Kann nur eine sehr aufwendige und dementsprechend kostenintensive Therapie das Leben Ihres Hunds, Ihrer Katze oder Ihres Kaninchens verlängern oder sogar retten, wird Ihre Tierärztin Sie dazu, wenn Sie das wünschen, an Spezialistinnen überweisen. Es ist aber völlig legitim nachzufragen, ob diese Therapie wirklich zu einer deutlich längeren Lebenszeit Ihres Tiers bei guter Lebensqualität führen wird. Lehnen Sie so eine Therapie für Ihr hochbetagtes oder schwer krankes Tier von vornherein oder auch später noch ab und entscheiden sich doch für eine Euthanasie, um sein Leiden zu beenden, ist das zu respektieren. Es gibt hier keinen objektiven Maßstab, auch in finanzieller Hinsicht nicht. Entscheidend ist die individuelle Situation, die Sie mit Ihrer Tierärztin besprechen sollten.

WENN TIERBESITZER EINE THERAPIE NICHT BEZAHLEN KÖNNEN

Die für alle schwierigsten, emotional belastendsten Fälle sind die, in denen eine Standardtherapie möglich und sinnvoll ist, die Besitzer sie sich aber nicht leisten können. Das beginnt für manchen Tierhalter bereits im kleinen dreistelligen Bereich. Jetzt kann man anführen, dass sich ein Tier nur anschaffen soll, wer die nötigen finanziellen Mittel dazu hat. Die Realität sieht aber nun mal anders aus. Hunde, Katzen oder andere Haustiere spielen für viele Menschen eine Rolle, die wir nur erahnen können. Und gerade Menschen in prekären Situationen würden eher selbst auf Dinge des Alltags verzichten, als ihre Tiere wegzugeben oder im Stich zu lassen. Tierbesitzer können aus unterschiedlichsten Gründen in wirtschaftliche Engpässe geraten. Tritt dann auch noch der Worst Case ein und ihr Tier erkrankt, dann stehen sie finanziell vollends mit dem Rücken zur Wand.

In den meisten Tierarztpraxen muss eine Behandlung direkt bar oder per Karte bezahlt werden. Aber auch eine per Post versandte Rechnung ist zeitnah zu begleichen, bedeutet also nur einen kleinen Aufschub. Eine Absicherung gegen hohe Tierarztkosten bieten Tierkrankenversicherungen, die in Deutschland lange Zeit ein Nischendasein führten. Das liegt auch daran, dass hierzulande über Jahrzehnte tierärztliche Leistungen vergleichsweise billig waren. In vielen europäischen Ländern, aber auch in den USA, haben sich Krankenversicherungen für Hunde und Katzen, vermehrt auch Kaninchen und Pferde, schon länger etabliert. In Skandinavien und Großbritannien beispielsweise sind mehr als die Hälfte aller Hunde und auch ein steigender Anteil Katzen krankenversichert, in Deutschland nur knapp fünf Prozent aller Haustiere, davon überwiegend Hunde. Seit der Novellierung der Gebührenordnung für Tierärztinnen und Tierärzte 2022, die durch Anpassung der Gebühren zu einer deutlichen Preissteigerung geführt hat, empfiehlt es sich noch mal mehr, eine Krankenversicherung für Hund und Katze abzuschließen. Dafür wird, je nach Anbieter und Umfang der Leistungen, ein monatlicher Betrag zwischen 30 und 100 Euro fällig. Versicherte haben dafür aber im Krankheitsfall auch hohe Therapiekosten für ihr Tier abgedeckt. Vergleichsportale und die Stiftung Warentest helfen, im oft unübersichtlichen Tarifangebot den Überblick zu bewahren und die jeweils passende Versicherung zu finden.

Manche Tierkliniken oder größere Tierarztpraxen bieten – teils in Kooperation mit Finanzdienstleistern – Ratenzahlungen an. Voraussetzung dafür ist eine gute Bonität. Kann ein Tierhalter trotz größter Bemühungen die Behandlung nicht bezahlen, kommt als letzte Möglichkeit eine Abtretungsvereinbarung in Betracht. Dabei überlässt der Halter seine Besitzrechte am Tier der Klinik oder Tierarztpraxis. Das Tier wird dann behandelt und an neue Besitzer vermittelt, die in der Lage und bereit sind, die angefallenen Kosten zu übernehmen. Das macht besonders dann Sinn, wenn Hund, Katze oder Meerschweinchen noch nicht alt sind und eine gute Heilungsprognose haben. Schwieriger wird es, für ein altes oder chronisch krankes Tier ein neues Zuhause zu finden, in dem es auch wirklich adäquat medizinisch versorgt wird.

MEIN RAT

Wahrscheinlich lesen Sie dieses Buch, weil Ihr Haustier alt oder chronisch krank ist und der Gedanke an sein Sterben Sie beschäftigt. Für solche Tiere lohnt sich keine Krankenversicherung mehr, beziehungsweise kein Unternehmen würde es mehr versichern. Vielleicht haben Sie aber ein weiteres, noch junges, gesundes Tier. Oder Sie wissen, dass es nach diesem wieder einen Hund, eine Katze, ein Kaninchen in Ihrem Leben geben wird. Dann schließen Sie dafür eine Tierkrankenversicherung ab. Für den Fall, dass es schwer erkrankt oder verunfallt, ermöglicht eine Krankenversicherung bestmögliche Diagnostik und Therapie. Die Entscheidung, ob Ihr Tier weiterleben soll und kann, ist dann zumindest nicht von finanziellen Aspekten abhängig. Viele Tierkrankenversicherungen übernehmen am Ende auch die Kosten einer Euthanasie, wenn sie von Tierärztinnen empfohlen wird.

Trotz all dieser Möglichkeiten: Dass ein krankes, akut leidendes Haustier eingeschläfert wird, weil die Kosten einer Behandlung die finanziellen Möglichkeiten der Besitzer übersteigen, kommt immer wieder vor. Als ultima ratio und im Einzelfall ist auch dies zu rechtfertigen. Geht man vom Tierschutzgedanken aus, ist es immer noch besser, ein Tier von seinem Leiden zu erlösen, als es unbehandelt weiter leiden zu lassen. Dies sollte aber stets nur als absolut letzte Möglichkeit gesehen werden.

Aus der Praxis

Schäferhündin Freya ist keine fünf Jahre alt. Ihr Besitzer kommt mit ihr in die Notfallsprechstunde. Freya geht es schon seit mehreren Tagen schlecht. Sie hat keinen Appetit, trinkt dafür umso mehr und ist schlapp. »Ich habe mir erst mal keine Gedanken gemacht. Es war ja ziemlich warm in den letzten Tagen. Außerdem war Freya vor Kurzem läufig, da ist sie hinterher immer ein bisschen durch den Wind. Sonst wäre ich schon eher gekommen«, entschuldigt sich der Besitzer. Heute aber kann Freya nur mehr mühsam aufstehen. Sie hat erkennbar Schmerzen, ihr Bauch ist angespannt. Außerdem fiebert sie. Mein Verdacht: Gebärmuttervereiterung, medizinisch »Pyometra«, eine gefürchtete Erkrankung bei unkastrierten Hündinnen. Eine Ultraschalluntersuchung bestätigt meine Vermutung: Die Gebärmutter ist stark vergrößert und mit Flüssigkeit gefüllt. »Die einzige Möglichkeit,

Freya zu retten, ist eine sofortige Operation. Die Gebärmutter muss raus, sonst platzt sie.« Die OP würde deutlich über 1000 Euro kosten. Dazu stationäre Aufnahme und Nach-

MEIN RAT

Sind Sie in einer finanziell angespannten Lage, sprechen Sie das schon zu Beginn Ihres Besuchs in der Tierarztpraxis an. Das hilft auch Ihrer Tierärztin. Sie geht erst mal davon aus, dass Tierbesitzerinnen die bestmögliche Therapie aufgrund einer fundierten Diagnose wünschen. Dabei orientiert sie sich nicht an den Vermögensverhältnissen der Tierbesitzer – die sie ja auch nicht kennen kann. Die Tierärztin gibt, wenn gewünscht, vor jedem Schritt einen Überblick über die Kosten. Bei finanziellen Limits kommt neben der optimalen, aber kostenintensiveren Therapie vielleicht noch eine günstigere »Variante B« in Frage. So kann man zum Beispiel Symptome wie Schmerzen oder Erbrechen behandeln, auch wenn sich die genaue Ursache ohne weiterführende (teure) Diagnostik nicht feststellen lässt. Dies ist immer noch besser, als Hund, Katze oder Kaninchen unbehandelt zu lassen oder sofort einzuschläfern. Wichtig ist allerdings, dass eine nicht ganz optimale Behandlung nur in Betracht gezogen werden sollte, wenn sie trotzdem die Lebensqualität des Tiers verbessern kann.

behandlungen. Der Mann schüttelt den Kopf. »Das kann ich nicht bezahlen. Auch nicht in Raten.« Die Frage, ob ihm jemand Geld leihen könnte, muss Freyas Halter verneinen. »Wenn es keine andere Möglichkeit der Behandlung gibt, schläfern Sie sie bitte ein. Sie soll nicht leiden.« Solche Fälle sind schwierig. Jemanden zu finden, der die Hündin übernimmt und sie dann auf seine Kosten operieren lässt, dafür reicht die Zeit nicht. Es muss schnell geholfen werden. Die Operation billiger oder sogar kostenlos durchzuführen, geht ebenfalls nicht – auch eine Tierarztpraxis ist ein Wirtschaftsunternehmen, das sich tragen muss und laufende Kosten hat. Wenn ich die Euthanasie verweigere, Freya aber nicht operiert wird, bedeutet das weiteres Leid für das Tier und letztendlich einen elenden Tod. So schläfere ich Freya schweren Herzens ein.

DIE TIERÄRZTLICHE GEBÜHRENORDNUNG (GOT)

Wenn wir über Geld sprechen, sollte klar sein, wie sich Behandlungskosten zusammensetzen und welche Stellschrauben es für Tierärztinnen und Tierbesitzer gibt. Dazu finden sich zum Teil irreführende und auch falsche Angaben in den sozialen Medien, in Internetforen oder Suchportalen. Diese verunsichern Tierhalterinnen, und es kommt zu Missverständnissen, wenn in Tierarztpraxen und Tierkliniken über finanzielle Fragen gesprochen wird. Deswegen hier ein kurzer Überblick, wie tierärztliche Leistungen abgerechnet werden. Dies ist gesetzlich geregelt in der Gebührenordnung für Tierärztinnen und Tierärzte, kurz GOT (Fassung vom 22. November 2022).

ALLGEMEINE REGELN

Alle tierärztlichen Verrichtungen, insgesamt mehr als tausend, sind dort als Einzelposten mit fortlaufender Ziffer gelistet. Abgerechnet wird nach dem 1- bis 3-fachen Satz. Ein Unterschreiten des einfachen Gebührensatzes ist grundsätzlich unzulässig, ebenso eine Überschreitung des 3-fachen Satzes. Dies soll Tierbesitzerinnen vor überhöhten Preisen schützen und umgekehrt Tierärztinnen vor Preisdumping bewahren. Nur im begründeten Einzelfall, zum Beispiel bei nachweislicher finanzieller Notlage der Besitzerin und dringendem Handlungsbedarf, darf die Tierärztin den 1-fachen Satz der Gebührenordnung dennoch unterschreiten. Dies erfordert eine schriftliche Vereinbarung vor der Behandlung. Dasselbe gilt für eine Überschreitung des 3-fachen Satzes außerhalb des Notdienstes, zum Beispiel bei außergewöhnlichen Operationen, die so aufwendig sind, dass sie mit dem 3-fachen Satz der Gebührenordnung nicht ausreichend vergütet wären. Dass diese Regelung angewandt wird, ist aber eher die Ausnahme. In den meisten Tierarztpraxen wird normalerweise der 1,4- bis 2-fache Satz abgerechnet. Dies ist unter anderem abhängig von der Region, der Lage und Ausstattung der Praxis oder Klinik sowie Qualifikation der Tierärztinnen. Auch die besondere Schwierigkeit einer Behandlung, hoher Aufwand bei widerspenstigen Tieren oder ein sonstiger erhöhter Zeitaufwand können durch Abrechnung eines höheren Satzes berücksichtigt werden.

Eine Behandlung und deren Abrechnung setzt sich immer aus mehreren Leistungen zusammen. Jede Untersuchung, jede Injektion, Operation, aber auch Bescheinigungen und (telefonische) Beratungen werden aufgelistet. Fremdlaborkosten, angewandte und aus der tierärztlichen Hausapotheke an die Tierbesitzer abgegebene Medikamente sowie Verbrauchsmaterial erscheinen ebenfalls auf der Rechnung. Tierärztliche Leistungen unterliegen, anders als Heilbehandlungen im Bereich der Humanmedizin, überdies der Umsatzsteuerpflicht. So werden auf alle Leistungen 19 Prozent Umsatzsteuer erhoben, für Kunden die Mehrwertsteuer, die auf der Rechnung ausgewiesen ist. Diese muss die Tierärztin, genau wie Handwerker oder andere Gewerbetreibende, an das Finanzamt abführen.

NACHT- UND NOTDIENST

Zu normalen Sprechzeiten können Tierärztinnen ihren Gebührensatz frei bestimmen. Im Nacht- und Notdienst, also auch an Wochenenden oder Feiertagen, muss hingegen mindestens der 2-fache Gebührensatz abgerechnet werden, erlaubt ist hier eine Abrechnung bis zum

4-fachen Satz. Hinzu kommt eine vorgeschriebene einmalige Notdienstpauschale von 50 Euro netto. Als Nachtzeiten gelten laut Gebührenordnung die Stunden von 18 bis 8 Uhr. Der Wochenenddienst beginnt freitagabends um 18 Uhr und endet montagmorgens um 8 Uhr. Bietet eine Praxis aber generell erweiterte Öffnungszeiten oder zum Beispiel eine reguläre Samstagssprechstunde an, gelten diese als normale Sprechstunde und nicht als Notdienstzeiten.

HAUSBESUCHE

Ein Hausbesuch bedeutet für die Tierärztin immer einen erhöhten Zeitaufwand. Daher werden Hausbesuche als eigene Leistung in der GOT aufgeführt. Ein Hausbesuch kostet pauschal 34,50 Euro netto (1-facher Satz), ohne Untersuchung, Beratung oder sonstige Leistungen. Dazu kommt ein Wegegeld von 3,50 Euro pro Kilometer (einfache Wegstrecke), mindestens jedoch 13 Euro netto. Gerade für einen Hausbesuch zur Euthanasie wird die Hilfe einer Tiermedizinischen Fachangestellten benötigt, falls die Tierbesitzerin Hund oder Katze nicht festhalten kann oder möchte. Nach Gebührenordnung ist die Leistung der Hilfskraft je angefangene Viertelstunde Anwesenheit und Fahrzeit im 1-fachen Satz mit 17,25 Euro netto zu vergüten.

WAS KOSTET EINE EUTHANASIE?

Auch wenn Tierbesitzerinnen beim Einschläfern ihres Hunds oder ihrer Katze andere Gedanken und Sorgen haben, soll hier abschließend erklärt werden, wie sich die Kosten einer Euthanasie zusammensetzen. Vorweggenommen: Jede Tierarztpraxis rechnet zu unterschiedlichen Sätzen ab oder verwendet andere Medikamente. Und jeder tierische Patient reagiert individuell, was ein angepasstes Prozedere erfordert. Daher kann es keine verbindliche Aussage geben, was eine Euthanasie kosten darf. Die Auflistung unten ist nur ein Beispiel, wie sich eine Rechnung zusammensetzen kann. Ich gehe dabei von einer Standardsituation aus: die terminlich vereinbarte Euthanasie eines Hunds in der Tierarztpraxis während der normalen Sprechzeiten. Die Berechnung erfolgt zum 1,5-fachen Satz der GOT. Für angewandte Arzneimittel und Verbrauchsmaterial setze ich hier einen geschätzten Pauschalbetrag an, in einer echten Rechnung sind dort die tatsächlichen Kosten angegeben.

GOT-Ziffer	Leistungsbezeichnung	Preis in €
16	Allgemeine Untersuchung mit Beratung Hund	35,43
225	Venenkatheter peripher einlegen	21,93
320	Injektionsnarkose intravenös	36,29
208	Euthanasie durch Injektion Hund	46,17

643	Eingehende Untersuchung Herz-Kreislauf	23,09
	angewandte Arzneimittel, Verbrauchsmaterial	30,00
	Rechnungssumme Netto	**192,91**
	Mehrwertsteuer 19 %	36,65
	Rechnungssumme Brutto	**229,56**

Entscheidend hängt die Höhe der Rechnung für eine Euthanasie von der Dauer des Eingriffs und vom Zeitpunkt ab. Wer sein Tier im Notdienst einschläfern lässt, muss – wie schon erläutert – mindestens mit dem vorgeschriebenen 2-fachen Gebührensatz rechnen, dazu kommt die Notdienstgebühr. Der Mindestbetrag im Notdienst für die hier beschriebene Euthanasie liegt in etwa

MEIN RAT

Man kann den Zeitpunkt einer Euthanasie nicht immer planen. Ein Unfall oder ein anderer plötzlich auftretender lebensgefährlicher Zustand ereignet sich nicht selten nachts oder am Wochenende. Sprechen aber tierärztliche Diagnose und Zustand Ihres chronisch kranken oder alten Tiers für eine Euthanasie, dann warten Sie auch aus finanziellen Gründen nicht bis zum Letzten und ersparen Sie sich neben dem Stress einer Notdienstkonsultation auch die deutlich höheren Kosten.

bei 340 Euro, im Höchstsatz (4-fach) wären an die 620 Euro fällig.

Manche Menschen reagieren mit Unverständnis, wenn es um die Kosten für eine Euthanasie geht. »So viel Geld nur fürs Einschläfern?« Aber es geht hier eben nicht um die »schnelle Spritze«. Die Tierhalterinnen erwarten zu Recht in dieser hochemotionalen, einzigartigen Situation, dass eine Euthanasie mit großer Sorgfalt durchgeführt wird – wie andere medizinische Eingriffe auch.

Ich habe es nie erlebt, dass Kunden nur aufgrund der Kosten ihr Tier nicht einschläfern ließen. Doch gelegentlich scheint Tierbesitzerinnen nicht klar zu sein, dass Leistungen, die sie »on top« wünschen, wie ein Hausbesuch oder ein Termin außerhalb der regulären Sprechzeiten, auch mehr kosten.

Aus der Praxis

Ein Anruf über das Notdiensthandy am Morgen des ersten Weihnachtstags. »Meiner Katze geht es sehr schlecht. Sie müssen kommen und sie einschläfern.« Ich erkläre dem Anrufer, warum ich im Notdienst keine Hausbesuche machen kann. »Ich muss in der Nähe der Praxis sein, falls sich weitere Notfälle ankündigen. Um festzustellen, was Ihre Katze hat, benötige ich eventuell weitere Diagnostik, das Röntgengerät, Ultraschall oder eine Blutuntersuchung. Bitte kommen Sie mit Ihrem Tier in die Praxis, ich kann in zehn Minuten dort sein.« Der Anrufer bleibt hartnäckig. Er habe kein Auto, und der Katze ginge es wirklich so schlecht, da brauche es keine weiteren Untersuchungen. Ich müsse jedenfalls schnellstens kommen. Daraufhin schlage ich vor, er solle sich von Nachbarn oder Freunden fahren lassen – oder ein Taxi rufen. »Ein Taxi kann ich mir nicht leisten.« – »Ich habe Ihnen ja schon erklärt, warum ich keinen Hausbesuch machen kann. Abgesehen davon wäre es deutlich teurer für Sie, wenn ich zu Ihnen käme, als wenn Sie ein Taxi nähmen.« Ich weise den Anrufer auch darauf hin, dass er die Kosten für die Behandlung, auch wenn es eine Euthanasie werden sollte, direkt in bar oder per EC-Karte bezahlen muss – ein Grundsatz im Notdienst. Seine Antwort: »Sie wollen mir ja gar nicht helfen. Wenn meine Katze jetzt elendig verreckt, sind Sie schuld.« Dann legt er auf. Wäre der Anrufer in die Praxis gekommen, hätten wir bezüglich der Bezahlung sicher eine Lösung gefunden. Doch so konnte ich nichts tun. Was aus der Katze geworden ist, habe ich nicht mehr erfahren.

Solche Fälle sind zum Glück die Ausnahme. Keine Tierärztin wird ein Tier leiden lassen, weil sie nicht weiß, ob sie hinterher ihr Geld bekommt. Unsere Berufsordnung verpflichtet uns dazu, Erste Hilfe beim Tier zu leisten, wenn es nötig ist – und auch eine Euthanasie kann Erste Hilfe sein. Allerdings hat niemand Anspruch darauf, dass sein Tier vergünstigt oder sogar kostenlos eingeschläfert wird, weil es sichtlich leidet. Wie die Tierärztinnen zur Hilfe verpflichtet sind, sind Tierbesitzerinnen verpflichtet, ihrem Tier die nötige tierärztliche Hilfe zukommen zu lassen – und die kostet nun mal. Selbst eine amtlich angeordnete Tötung des Tiers gegen den Willen des Tierbesitzers, sei es aus Tierschutzgründen oder weil ein Hund hochgradig aggressiv ist, muss von diesem selbst bezahlt werden, da er für sein Tier verantwortlich ist.

»Ist es nicht zu früh?« – Den richtigen Zeitpunkt erkennen

Die Frage nach dem richtigen Zeitpunkt für eine Euthanasie beschäftigt Besitzer alter oder unheilbar kranker Tiere normalerweise sehr. Sie haben Sorge, dass ihr Tier sich quält und sie das nicht erkennen. Andererseits möchten sie dem geliebten Vierbeiner keine Lebenszeit nehmen. Nicht zuletzt wollen sie ihr Tier so lange wie möglich bei sich behalten. Das ist völlig legitim. Deshalb verdrängen oder verschieben viele Tierhalter die Entscheidung zur Euthanasie. Oder sie nennen Gründe, warum es gerade unpassend ist: »Wir müssen noch abwarten, bis meine Lebensgefährtin von der Geschäftsreise zurück ist«. – »Mein Sohn soll sich noch von unserer Luna verabschieden können. Er kommt übernächstes Wochenende.« – »Findus soll Weihnachten noch erleben.« Frauchens Geburtstag, der Familienurlaub oder die Einschulung des Enkelkinds. Es gibt tausend gute Gründe. Und immer wieder kommt dann das Eingeständnis der Tierhalter selbst: »Ich bin noch nicht so weit!«

Alle diese Gedanken sind absolut verständlich. Aber sie sagen nichts darüber aus, ob der richtige Zeitpunkt gekommen ist, das Tier einzuschläfern. Sie drücken aus, wie sich die Situation für den Menschen anfühlt. Objektiv betrachtet, ist es dem Hund oder der Katze egal, ob sie noch ein letztes Mal unter dem Weihnachtsbaum sitzen. Mit dem Hund eine letzte Runde durch den Park zu gehen und sich zu verabschieden, ist für den Sohn wichtig. Auch für den Hund kann der Spaziergang schön sein, wenn er körperlich noch dazu in der Lage ist. Aber der Hund reflektiert nicht darüber, ob dies der letzte Spaziergang ist, bevor er stirbt.

Um den richtigen Zeitpunkt zu finden, das Tier einschläfern zu lassen, sollte das Wohl des Tiers beziehungsweise das Ende seines Leidens an erster Stelle stehen.

Aus der Praxis

Jenny, eine junge Frau, beharrte darauf, dass ich ihre alte, fast nicht mehr gehfähige Hündin auf keinen Fall einschläfern dürfe. Isi, die schwarz-weiße Mischlingshündin aus Rumänien mit entzückendem schiefem Ringelschwänzchen und Knickohr, war fast blind. Ihr Alter konnten wir nur schätzen, wahrscheinlich um die vierzehn Jahre. Durch eine angeborene Fehlstellung der Vorderbeine hatte sie hochgradige Arthrosen entwickelt. Trotz Schmerzmittel konnte sie nur noch wenige Schritte laufen, kam kaum mehr allein hoch, wenn sie gelegen hatte, und war darüber hinaus auch noch inkontinent geworden. Warum sträubte sich die Besitzerin so gegen den Gedanken, Isi zu erlösen? Bei einem ihrer Praxisbesuche konnte ich Jenny schließlich danach fragen. Sie und ihr Partner hatten sich kennengelernt, kurz nachdem sie Isi aus dem Tierheim geholt hatte. Das war vier Jahre her. Nun wollten sie heiraten. Sie habe sich immer vorgestellt, dass Isi auf dem Standesamt die Ringe nach vorne tragen sollte, und ihre Hochzeit sei in zwei Monaten. Ich bat die junge Frau, ein Video von Isi zu machen, wie sie zu Hause lief. So könne ich besser einschätzen, wie schwerwiegend ihre Probleme wirklich seien. Und das meinte ich auch so, denn wenn irgendwie möglich sollte der Wunsch der jungen Braut doch in Erfüllung gehen! Bei ihrem nächsten Besuch in der Praxis zeigte Jenny mir die kurze Videosequenz auf ihrem Handy. Wir schauten uns zusammen an, wie Isi langsam und wacklig einen Waldweg entlangging – immer weit hinter der Halterin, denn sie konnte kein normales Tempo mehr gehen. Die junge Frau hatte Tränen in den Augen. Beim Anschauen des Videos war ihr klar geworden, dass ihr Wunsch, Isi bei der Trauung dabei zu haben, für die Hündin nur Quälerei bedeuten würde. Ich bestärkte sie darin und sagte, dass es auch für sie wohl eher eine Belastung wäre, später auf Hochzeitsfilmen immer sehen zu müssen, wie ihre Hündin sich durch das Trauungszimmer schleppt. Zusammen mit ihrem Verlobten legte sie für die darauffolgende Woche einen Hausbesuchstermin zur Euthanasie fest. Nachdem ich Isi eingeschläfert hatte, saßen wir noch einen Moment zusammen. Auf ihrem Handy zeigte Jenny mir die Erinnerungsfotos, die sie zu dritt in den letzten Tagen gemacht hatten. Auf einem Foto trug Isi ein kleines Körbchen mit den Trauringen.

Den »richtigen« Zeitpunkt, um ein geliebtes Haustier sterben zu lassen – gibt es ihn überhaupt? Den idealen, objektiv richtigen Moment, ein Tier einzuschläfern und damit die Beziehung zum Weggefährten, Mitbewohner, Freund, Familienmitglied, geliebten Partner, unwiederbringlich zu beenden? Selbst aus tierärztlicher Expertise und Erfahrung gibt es den einen, objektiv richtigen Moment wahrscheinlich nicht – lässt man akut lebensbedrohliche Notlagen oder Unfälle einmal außen vor. Auch wir Tierärztinnen können nur beraten und Argumente nennen. Die Entscheidung bleibt aber beim Besitzer. Er sollte Gewissheit darüber gewonnen haben, dass jetzt der richtige Zeitpunkt ist.

Es gibt Anhaltspunkte, anhand derer Besitzer und Tierärztinnen beurteilen können, wann es für das Tier besser ist zu gehen. Die Entscheidung zur Euthanasie kommt ja meist nicht aus heiterem Himmel. Zunächst unterscheiden wir drei Zustände, in denen die Frage nach dem richtigen Zeitpunkt der Euthanasie konkret wird.

SCHNELLE ENTSCHEIDUNG – JA ODER NEIN?

Ein Unfall, eine schwere Vergiftung oder eine hochakute Erkrankung wie zum Beispiel eine Magendrehung beim Hund erfordern meist eine schnelle Entscheidung: Gibt es eine sinnvolle Therapie oder sollte das Tier eingeschläfert werden? Es ist schlimm, wenn ein Tier und seine Besitzer in diese Lage kommen. Für das Tier, weil es Schmerzen und Angst erleidet und sich selbst nicht helfen kann. Für die Menschen, weil sie rasch und ohne innere Vorbereitung entscheiden müssen. Die Tierärztin ist mit ihrer Expertise in der Lage, das Ausmaß der Erkrankung oder Verletzung zu erkennen. Wenn Hund, Katze, Kaninchen oder Meerschweinchen bereits im Stadium der Agonie, also des Todeskampfes, sind, ist es sinnvoll, das Leiden zu verkürzen. Die Tierärztin wird den Besitzern dann ein unverzügliches Einschläfern nahelegen. Denn jeder Aufschub bedeutet längeres Leiden. Das Tier quält sich.

EINSCHLÄFERN WÄHREND EINER OP

Eine weitere Situation, in einer Tierklinik oder spezialisierten Praxis vermutlich häufiger als beim Haustierarzt: eine Operation, deren Ausgang nicht absehbar ist, zum Beispiel weil ein bösartiger Tumor vermutet wird. Der Eingriff soll Aufschluss über Art und Umfang der Erkrankung geben. Sie kann so weit fortgeschritten sein, dass das Tier den Eingriff entweder nicht oder nur kurz überleben wird. In diesem Fall ist eine vertrauensvolle Beratung im Vorfeld und in der Situation selbst nötig. Die operierende Tierärztin braucht die Zustimmung des Besitzers, das Tier während der Narkose, also noch auf dem Operationstisch, einschläfern zu dürfen. Manche sprechen von einer »Carte blanche«, einem Blankoscheck mit uneingeschränkter Vollmacht für die Tierärztin. Sie muss vorher unbedingt darüber sprechen, was im Fall der Fälle geschehen soll: Möchte der Besitzer sofort telefonisch informiert werden? Möchte er vom schlafenden Tier vor dessen Tod Abschied nehmen? Auch hier: Es gibt für den Tierbesitzer keine Entscheidung über den Zeitpunkt. Sie wird ihm abgenommen, so traurig es ist.

EINSCHLÄFERN »MIT TERMIN«

Die geplante Einschläferung ist die häufigste Form der Euthanasie in einer Tierarztpraxis. Es geht meist um Tiere, die sich eindeutig in ihrem »letzten Lebensabschnitt« befinden, sei es, weil sie alt geworden sind, sei es aufgrund einer unheilbaren Krankheit. Und hier wird uns Tierärztinnen die Frage nach dem richtigen Zeitpunkt eigentlich immer gestellt. Eindeutig lässt sie sich wohl nie beantworten. Jede Erkrankung, jedes Altern, jeder sich über Wochen hinziehende Sterbeprozess hat Stunden oder Tage, in denen die Symptome unklar sind. Momente, in denen das Tier munter und lebensfroh wirkt. Stunden, in denen Besitzer denken: »Siehst du, es geht doch noch!« Und auch die beste Tierärztin kann nicht vorhersagen, wie der Krankheitsverlauf gerade bei diesem Individuum sein wird.

Dennoch, einige Kriterien können bei der Entscheidungsfindung helfen.

GIBT ES AUSSICHT AUF BESSERUNG ODER HEILUNG? DIAGNOSE UND PROGNOSE

Stellen Sie sich vor, es geht Ihrem Tier schlecht. Es frisst nicht mehr, erbricht fast täglich, nimmt ab und schleicht nur noch von einem Platz zum anderen. Ein Häufchen Elend. Ist es an der Zeit, das Tier einzuschläfern? Zunächst hilft die Diagnostik weiter. Blut-, Urin- und Gewebeuntersuchungen, Röntgen, Ultraschall und MRT oder Computertomografie, mittlerweile Standardverfahren in der Tiermedizin, geben Aufschluss über die zugrunde liegende Erkrankung. Sie erlauben es den Tierärztinnen, den Krankheitsverlauf einzuschätzen, eine Diagnose zu stellen und eine Prognose abzugeben. Je genauer die Diagnose, desto genauer ist auch die Prognose. Ist diese gut, heißt das nicht, dass sofort alles wieder im Lot ist. Aber bei entsprechender Behandlung kann ein besserer Zustand, vielleicht sogar die Gesundheit des Tiers wiederhergestellt werden. Es ist ein Unterschied, ob man es mit einer »Talsohle« zu tun hat, die durchschritten werden muss; ob man dem Tier durch Medikamente, Pflege, unterstützende Maßnahmen wie Päppeln oder sogar Zwangsfütterung und stationären Aufenthalt in einer Tierarztpraxis oder tierärztlichen Klinik wieder zu einem lebenswerten Zustand verhelfen kann. Oder ob klar ist, dass es keinen Ausweg aus dem Tal mehr geben wird; dass sich der Zustand des Tiers trotz aller Hilfe nur noch weiter verschlechtern wird. Dann ist dies ein eindeutiges Signal. Bei einer solchen fraglichen oder

»infausten«, also ungünstigen, Prognose sollte das Tier sterben dürfen. So bald wie möglich.

MEIN RAT

Nutzen Sie die Möglichkeiten der Diagnostik, wenn Sie wissen möchten, wie es um Ihr Tier steht. Im Zweifel holen Sie sich eine zweite Meinung in einer Klinik oder bei einer auf die Krankheit Ihres Tiers spezialisierten Fachtierärztin. Wir Tierärztinnen haben damit kein Problem. Niemand kann alles wissen, und wie in der Humanmedizin gibt es auch in der Tiermedizin Spezialistinnen, die zurate gezogen werden können. Wenn aber eine Diagnose eindeutig ist und Sie nicht nur von einer Seite den Rat bekommen, Ihr Tier einschläfern zu lassen, dann nehmen Sie das ernst. Keine Kollegin wird Ihnen zum Einschläfern Ihres Tiers raten, ohne sich ein genaues Bild über seine Krankheits- und Lebenssituation gemacht und die Chancen weiterer Therapien abgewogen zu haben.

WENN ER DOCH MORGENS IM KÖRBCHEN LÄGE ... – GEDANKEN ZULASSEN

Aus der Praxis

Carlo gehörte Frau Kurz und war schon lange Patient in unserer Praxis. Der zwölf Jahre alte Maine-Coon-Kater war einmal eine stattliche Erscheinung gewesen – groß und fast acht Kilo schwer, ein Prachtexemplar. Vor fast drei Jahren hatten wir bei ihm eine chronische Nierenerkrankung festgestellt. Seitdem bekam Carlo Medikamente und Diätfutter. Seit einigen Monaten verschlechterte sich sein Zustand allerdings deutlich. Carlo wurde Dauerpatient, fast wöchentlich kam Frau Kurz mit ihm zur Infusion, er erhielt Medikamente gegen Übelkeit und zur Anregung des Appetits. Seine Blutwerte verschlechterten sich dennoch.

Trotzdem sträubte Frau Kurz sich dagegen, sich von ihrem geliebten »Carlito« zu verabschieden. »Nach der Infusion geht es ihm immer deutlich besser! Gestern hat er sogar wieder ein bisschen Thunfisch gefressen. Können wir ihn nicht einfach mehrmals in der Woche an den Tropf legen?« Ich führte ihr vor Augen, dass die Fahrt in die Praxis Carlo jedes Mal sehr stresste. Ihm zu Hause selbst Flüssigkeit unter die Haut zu spritzen, traute Frau Kurz sich nicht zu. Und es hätte Carlos Zustand auch nicht wirklich stabilisieren können. Immer wieder berieten wir, wann der richtige Zeitpunkt gekommen sei, den Kater einzuschläfern. Aus medizinischer Sicht war alles gesagt. Wir würden für Carlo keine Besserung mehr erreichen können. Doch die Entscheidung zur Euthanasie musste seine Besitzerin fällen.

Eines Tages kam Frau Kurz sichtlich aufgelöst in die Praxis und bat dringend um ein Gespräch. »Heute Morgen lag Carlo neben mir im Bett. Ich dachte schon, er ist tot. Ich habe ihn gestreichelt und genau hingeschaut, ob er noch atmet. Und schließlich konnte ich ihn mit Mühe aufwecken.« Ich fragte sie: »Frau Kurz, was haben Sie gedacht, als Carlo da so lag?« Sie hatte Tränen in den Augen. »Einen Moment lang war ich so erleichtert. Ich dachte: Er hat es geschafft. Er ist im Schlaf gestorben. Auch wenn es mich sehr traurig gemacht hat. Und ich schäme mich, aber ich war fast enttäuscht, als er doch noch aufwachte.« Das war der Moment. Frau Kurz hatte ausgesprochen, was viele Tierbesitzer spüren. Sie lassen diesen Gedanken nur oft nicht zu, weil sie sich vor der Konsequenz fürchten. »Frau Kurz, Sie wollten den richtigen Zeitpunkt nicht verpassen. Carlo geht es von Tag zu Tag schlechter. Sie wünschen sich, dass er stirbt. Aber er wird nicht einfach so sterben, sondern das Leiden geht weiter. Das heute war ein Zeichen. Lassen Sie uns sein Leben beenden, in aller Würde! Der richtige Zeitpunkt ist jetzt.«
Am Abend desselben Tages machte ich einen Hausbesuch bei Frau Kurz und schläferte Carlo ein.

Den Satz: »Ich wünschte, sie läge irgendwann tot in ihrem Körbchen!« hören wir Tierärztinnen oft. Wenn ein Tier noch jung und gesund ist, ist damit nur gemeint: »Ich wünsche mir, dass mein Hund, meine Katze, mein Kaninchen sehr alt wird und irgendwann eines sanften, natürlichen Todes stirbt.« An diesem Wunsch ist nichts auszusetzen.

Sagt aber die Halterin eines alten oder schwer kranken Haustiers denselben Satz, drückt sie ihr Gefühl aus, dass der Tod das Beste für ihren Liebling wäre. Sie möchte aber nicht die Entscheidung treffen, nicht der Auslöser sein. Und sie hat Angst vor dem Verlust.

MEIN RAT

Wenn Sie den Gedanken haben, Ihr altes oder schwer krankes Tier möge einschlafen und sterben, dann nehmen Sie dieses Bauchgefühl ernst. Sprechen Sie mit Ihrer Tierärztin darüber. Wenn es einen »guten« Zeitpunkt gibt, dann jetzt. »Später« bedeutet für Ihr Tier eventuell »zu spät« – also zusätzliches Leiden, das vermeidbar gewesen wäre.

WENN – DANN: KONKRET WERDEN

Gerade wenn es bei einem alten und kranken Tier auf und ab geht, fällt es vielen Tierhalterinnen schwer, sich zum Einschläfern zu entschließen. Es könnte doch morgen wieder besser sein ... Wurden die vorhin genannten Punkte beachtet, eine Diagnose gestellt, das Tier gut beobachtet und Gedanken und Gefühle bezüglich des Sterbens zugelassen, hilft häufig ein konkreter Plan, ein »wenn – dann«. Wenn ein epilepsiekranker Hund trotz

Medikamenten mehr als zwei Anfälle im Monat hat, dann erlösen wir ihn. Wenn die chronisch kranke Katze länger als fünf Tage nicht mehr aus eigenem Antrieb frisst, dann lassen wir sie gehen. Wenn die alte Hündin unter sich kotet, weil sie nicht mehr aufstehen kann, dann schläfern wir sie ein.

Aus der Praxis

Bei dieser Erzählung brauche ich nichts zu verfremden. Es geht um unseren eigenen Kater Kalle, den ich mit fast achtzehn Jahren einschläfern musste. Er hatte wie viele alte Katzen eine Nierenschwäche entwickelt, mit der er aber viele Jahre gut leben konnte. Seine Blutwerte wurden regelmäßig überprüft. Nach einer Tumorentfernung am Vorderbein hinkte er etwas, hatte jedoch keine Schmerzen. Allerdings nahm Kalle immer mehr ab, man sah ihm sein hohes Alter wirklich an. Er trank viel (eine Folge der Nierenerkrankung), genoss intensive Streicheleinheiten und lag gern in der Sonne. Ansonsten schlief er am liebsten. Ich stellte ihn regelmäßig meiner befreundeten Kollegin vor – man ist schnell nicht mehr objektiv, wenn es um das eigene Tier geht. Immer wieder überlegten wir in der Familie, wann der Zeitpunkt gekommen sei, uns von Kalle zu verabschieden. Wir wollten auf keinen Fall, dass er litt. Da das Fressen immer seine große Leidenschaft gewesen war, vereinbarten wir: Wenn Kalle nicht mehr selbstständig und mit Appetit frisst oder anfängt zu erbrechen, unternehmen wir therapeutisch nichts mehr und lassen ihn gehen. Am Abend eines langen Arbeitstags rief mein Mann mich schließlich in der Praxis an: Kalle hatte nicht gefressen und mehrmals erbrochen. Ich nahm den Hausbesuchskoffer mit nach Hause und schläferte Kalle noch am selben Abend ein.

DAS UMFELD BEFRAGEN

Es ist immer empfehlenswert, sich mit tierlieben Menschen aus dem nahen oder weiteren Umfeld zu beraten. Tierbesitzer sind selten objektiv, wenn es um den eigenen Hund, die eigene Katze oder das eigene Chinchilla geht. Und das ist völlig normal. Gerade deshalb ist es wichtig, probeweise eine Außenperspektive einzunehmen oder zu erfragen. Jemand, der den Kater längere Zeit nicht gesehen hat, sieht oft besser, dass er stark abgenommen hat. Wie viel schlechter die Hündin läuft, fällt der Hundehalterin aus der Nachbarschaft eher auf als einem selbst.

MEIN RAT

Befragen Sie regelmäßig Menschen aus Ihrem engeren und weiteren Umfeld, wie diese Ihr Tier erleben. Bitten Sie sie um Ehrlichkeit. Und nehmen Sie diese Eindrücke ernst. Sie helfen Ihnen, Ihr Tier besser einzuschätzen.

ÜBERWIEGEN DIE SCHLECHTEN TAGE? – BEOBACHTEN UND EINORDNEN

Jeder Halter eines alten Hunds oder einer Katzenseniorin erlebt es: Tiere haben gute und weniger gute Tage. Warum sollte es ihnen auch anders gehen als Menschen? Ein Hund mit Arthrose läuft vielleicht langsamer als früher, aber noch ganz akzeptabel. Nur an nasskalten Tagen mag er sich gar nicht gern bewegen. Eine chronisch kranke Katze hat einige Tage keinen Appetit, dann wieder frisst sie fast normal. Wann ist der Zeitpunkt, an dem es nicht mehr geht?

Es muss geklärt werden, ob das Tier Schmerzen oder Beschwerden hat, die sich medikamentös vermeiden oder lindern lassen. Dazu ist eine genaue Beobachtung hilfreich. Tierbesitzerinnen haben ihr Tier viele Stunden am Tag um sich. Sie können das oft besser einschätzen als die Tierärztin. Diese hingegen sieht den Patienten nur in Abständen und für kurze Zeit, eine Viertelstunde, vielleicht etwas länger. In der Tierarztpraxis reißen sich die Tiere meist noch zusammen und überspielen eventuell Schmerzen – vor dem »Feind« zeigt man keine Schwäche! Außerdem sind sie aufgeregt oder gestresst. Dabei werden Endorphine, aber auch die Stresshormone Adrenalin und Cortisol ausgeschüttet. Sie wirken wie ein Dopingmittel. Aber Besitzerinnen betrügen sich manchmal auch selbst, indem sie schwere Beeinträchtigungen ihres Tiers ignorieren, nur weil sie beim Praxisbesuch nicht zutage treten.

Frau Frenz war eine anspruchsvolle Kundin. Ihr Alter war schwer zu schätzen, Ende sechzig, vielleicht Anfang siebzig. Immer fuhr sie mit ihrem BMW-Cabrio vor und kam in die Praxis gerauscht – grundsätzlich ohne Termin. Bei der Abrechnung erlebte meine Mitarbeiterin regelmäßig, dass Frau Frenz die Augen verdrehte und »Was, so teuer ist das?« stöhnte. Als Daisy, ihre Yorkshireterrierhündin, unsere Patientin wurde, war sie über vierzehn Jahre alt und hatte diverse Vorerkrankungen. Jetzt litt Daisy an Herzversagen im Endstadium. Ihre Herzklappen schlossen schon länger nicht mehr richtig. Der Motor Herz arbeitete also permanent gegen ein kaputtes Ventil an. Dies ist bei älteren Hunden kleiner Rassen häufig so. Die Erkrankung erfordert eine engmaschige tierärztliche Kontrolle und vor allem eine Behandlung der Symptome. Daisy baute immer weiter ab, hustete, entwickelte ein Lungenödem und bekam schwer Luft. Die Prognose war schlecht, und das sagte ich Frau Frenz auch. Danach tauchte sie nicht mehr auf. In der Praxis fragten wir uns, was mit Daisy geschehen war. War sie gestorben oder in einer anderen Praxis eingeschläfert worden?

Eines Abends kurz vor Feierabend jedoch klingelte das Praxistelefon: Frau Frenz! Ich hätte sie fast nicht erkannt, so verändert klang sie – nicht mehr von oben herab, sondern klein und hilflos. Mit tränenerstickter Stimme bat sie: »Frau Doktor, Sie müssen kommen und Daisy erlösen! Es geht ihr sehr schlecht, ich kann das nicht mehr mit ansehen. Bitte!«

Ich hatte eigentlich keine gesteigerte Lust, bei Frau Frenz einen Hausbesuch zu machen. Mit ihrem fordernden Auftreten hatte sie meine Geduld oft arg strapaziert. Doch was konnte die arme Daisy für ihr Frauchen? Herzversagen im Endstadium, das bedeutet qualvolles Dahinsiechen und Sterben. Und es ist nun mal mein Job, das Leiden von Tieren zu lindern – oder eben zu beenden. Also versprach ich Frau Frenz, dass ich nach der Sprechstunde zu ihr kommen würde.

Frau Frenz erwartete mich an der offenen Tür – ein Häufchen Elend. Ungeschminkt und verweint führte sie mich ins Wohnzimmer. Der Hund lag auf dem Sofa. Ich ahnte, dass seit ihrem letzten Besuch bei uns keine Behandlung mehr erfolgt war. Daisy atmete sehr schnell, trotzdem bekam ihr Körper kaum den nötigen Sauerstoff. Ich setzte mich zur Hündin, um sie zu untersuchen. Daisy reagierte gar nicht mehr auf mich, hielt die Augen halb geschlossen. Um schließlich die Euthanasie einzuleiten, legte ich Daisy einen Venenkatheter. Sie nahm es teilnahmslos hin. Ich hatte Mühe, überhaupt eine Vene zu finden. Ihr Kreislauf war schon kollabiert.

Frau Frenz hielt ihre Hündin im Arm, während ich ihr das Narkose- und schließlich das zum Tod führende Betäubungsmittel verabreichte. Als Daisy ihren letzten Atemzug getan hatte, begann ihre Besitzerin leise zu sprechen:

»Wissen Sie, Frau Doktor, als Sie gesagt haben, was mit Daisy los ist, da wollte ich es nicht hören. Und ich bin nicht mehr zu Ihnen in die Praxis gekommen, weil ich Angst hatte, dass Sie sagen: Es geht nicht mehr. Seit mein Mann tot ist, war Daisy das einzige Lebendige, was ich hatte. Meine Kinder wohnen weit weg. Und die Vorstellung, dass Sie mir meine Daisy nehmen, konnte ich nicht ertragen.«

Frau Frenz war also nicht weggeblieben, weil sie Daisy nicht mehr behandeln lassen wollte. Frau Frenz hatte Angst vor der Tatsache, dass ihr nicht mehr zu helfen war. Sie verdrängte den Gedanken an das Schicksal ihrer Hündin – wie ein Kind, das sich die Augen zuhält und meint, es könne so einer unangenehmen Situation entfliehen. Den aus medizi-

MEIN RAT

Betrachten Sie die zurückliegenden vier Wochen Ihres Haustiers. Nehmen Sie alles in den Blick, was in dieser Zeit war. Gerade auch die schwierigen und unschönen Situationen. Notieren Sie sich das Erlebte – die guten und die schlechten Momente. Manchmal hilft es, diese Einschätzung zusammen mit anderen vorzunehmen, die Ihr Tier kennen und erleben. Und dann überlegen Sie: Wenn Ihr Hund, Ihre Katze, Ihr Meerschweinchen noch weitere vier Wochen genau so leben und dann sterben würde: Wären es vier gute Wochen für Ihr Tier? Wenn Sie diese Frage mit Ja beantworten können, ist alles prima. Dann genießen Sie die Zeit mit Ihrem Tier und betrachten es spätestens in einem Monat mit dem gleichen wachsamen Blick. Wenn Sie aber zu dem Schluss kommen: »Die letzten Wochen hat er sich eigentlich nur noch gequält«, dann sollten Sie ehrlich abwägen, ob Ihr Tier wirklich noch einen weiteren solchen Monat erleiden muss.

nischer Sicht richtigen Zeitpunkt für eine Euthanasie hatte Frau Frenz damit deutlich überschritten. Erst als es ihrem Hund so unübersehbar schlecht ging, sah sie ein, dass es besser wäre, Daisy zu erlösen.

»Die Augen bleiben offen.« – Wie eine Tiereuthanasie abläuft

Achtung: Thema dieses Kapitels ist das medizinische Vorgehen beim Einschläfern eines Tiers. Dabei wird auch der Sterbevorgang beschrieben. Dies kann für manche Leser belastend sein oder Ängste hervorrufen.

Aus der Praxis

Der Anruf kommt während der Mittagspause. »Unserer Labradorhündin Luna geht es gar nicht gut. Heute Morgen schien sie noch ganz munter, ist spazieren gegangen und hat normal gefressen. Aber seit ungefähr einer Stunde wirkt sie ganz verändert. Sie kann kaum stehen, hechelt und sieht ganz blass aus. Können wir kommen?« So ein Vorbericht alarmiert die Praxismitarbeitende an der Anmeldung sofort. »Wann können Sie hier sein?« – »In einer halben Stunde.« – »Dann machen Sie sich sofort auf den Weg.« Als die Hundebesitzerin, eine Frau um die sechzig, und ihre Tochter mit der Patientin in der Praxis eintreffen, sind Röntgen- und Ultraschallgerät schon vorbereitet. Wenn der Zustand der Hündin es erlaubt, müssen wir möglichst schnell herausfinden, was die Ursache für ihre plötzliche Erkrankung ist. Luna läuft sehr langsam und legt sich schon nach wenigen Schritten hin. Auf dem Behandlungstisch lässt sie sich teilnahmslos untersuchen. Die Maulschleimhaut ist blass, porzellanfarben – eigentlich sollte sie rosig sein. Und schon bei leichtem Druck auf den Bauch reagiert die Hündin schmerzempfindlich. Ich brauche mehr Informationen. »Hat Luna irgendwelche Vorerkrankungen? Bekommt sie Medikamente?« Luna ist das erste Mal bei uns, deswegen kenne ich ihre Krankengeschichte nicht. Die elf Jahre alte kastrierte Hündin hatte laut Besitzerin wohl mal erhöhte Leberwerte, aber eine Ultraschalluntersuchung vor einem Jahr hat keine Veränderungen gezeigt. »Könnte es Gift sein?«, fragt die Tochter besorgt. Das können wir schnell ausschließen, denn Luna ist immer an der Leine und hatte in den letzten Tagen keine Gelegenheit, irgendetwas unbemerkt zu fressen. Die Röntgenaufnahme gibt uns erste Hinweise: Eine deutliche Umfangsvermehrung im Bauchraum fällt auf. Zusammen mit den ersten Blutergebnissen kann ich einen Verdacht äußern: »Alle Symptome deuten darauf hin, dass Luna in die Bauchhöhle blutet. Wahrscheinlich ein Tumor. Genaueres kann ich nach einer Ultraschalluntersuchung sagen.« Die Besitzerin schaut mich schockiert an: »Das darf nicht sein. Unsere Luna ist doch noch ganz fit gewesen bis jetzt! Was machen wir denn dann?« Wir einigen uns darauf, erst einmal den Ultraschall abzuwarten, bevor wir über weitere Schritte sprechen. Die Hündin, die durch eine Infusion in die Vene stabilisiert und mit Schmerzmitteln versorgt wurde, lässt das alles apathisch über sich ergehen. Leider habe ich ziemlich bald die Gewissheit: Überall in der Bauchhöhle ist Flüssig-

keit, eine Punktion bestätigt: Es ist Blut. Die Milz ist sehr groß und in ihrer Struktur auffällig. Dieses Organ könnten wir gut operativ entfernen. Aber auch die Leber sieht hochgradig verändert aus, wir müssen vom Schlimmsten ausgehen – wahrscheinlich ein bösartiger Tumor. Eine genaue Diagnose kann ich allerdings nur durch eine Eröffnung der Bauchhöhle, also eine Operation, stellen. Lunas Besitzerin ist fassungslos. »Krebs! So plötzlich!« Ich kann ihren Schock verstehen. Heute früh schien noch alles normal, und keine acht Stunden später erfährt sie, dass ihre Hündin sterbenskrank ist. Soll eine Operation versucht werden? Im Fall eines inoperablen Tumors sollte die Hündin dann noch in Narkose euthanasiert werden. Oder soll Luna direkt einschlafen dürfen? Besitzerin und Tochter sind wie vor den Kopf gestoßen. Sie müssen eine Entscheidung treffen. Aber dazu brauchen sie mehr Informationen. Luna ist ihr erster Hund. Wie viele Tierhalter haben sie den Gedanken an einen möglichen Tod ihres geliebten Familienmitglieds bisher weit von sich geschoben. »Und wenn wir sie erst mal wieder mitnehmen? Geht das nicht? Vielleicht stirbt sie ja zu Hause im Schlaf!« Ich mache ihnen klar: Lunas Zustand ist so ernst, dass eine Entscheidung sehr schnell getroffen werden muss. Abwarten ist keine Option, die Hündin leidet. Aufgrund des kritischen Zustands und der sehr schlechten Prognose rate ich vorsichtig zum Einschläfern. Lunas Besitzerin ist skeptisch: »Ist das nicht schrecklich für Luna, so eine Todesspritze? Ich habe furchtbare Angst, dass sie sich quält. Ich habe so schlimme Dinge über das Einschläfern gelesen. Eine Operation will ich ihr nicht mehr antun. Aber ich möchte, dass Luna ohne Todeskampf stirbt. Wie geht das denn überhaupt vor sich?«

So wie Lunas Besitzerin äußern sich viele Menschen, die über den bevorstehenden Tod ihres Haustiers nachdenken oder mit einer Situation wie der gerade geschilderten konfrontiert sind. Sie wünschen sich, den Prozess des Sterbens gar nicht erst miterleben zu müssen. Ihr Hund oder ihre Katze soll am liebsten morgens friedlich tot im Körbchen liegen, im Schlaf gestorben sein. Nur: Haustiere sterben, anders als Menschen, selten an plötzlichem Herz-Kreislauf-Versagen. Auch Herzinfarkt oder Schlaganfall kommen bei ihnen fast nie vor. Das liegt an der – im Vergleich zum Menschen – geringeren Lebenserwartung von Hunden und Katzen. Sie bekommen keine Arterienverkalkung, die meist Ursache dieser Erkrankungen ist.

Bei vielen Tieren zieht sich der Sterbeprozess oft über Wochen hin. Je weiter er fortgeschritten ist, desto eher kommt es beim natürlichen Sterben zu Zuständen, die Tierbesitzer nur schwer ertragen können. Deshalb ist der tierärztlich assistierte Tod für beide Seiten oft eine Erleichterung: für das Tier, weil es vom Leiden erlöst wird. Und für die Besitzer, weil sie nicht mit anschauen und aushalten müssen, dass ihr Tier sich quält. Sie dürfen miterleben, dass das Tier ohne Schmerzen und Todeskampf stirbt.

WARUM HABEN SO VIELE TIERHALTER ANGST VOR DEN REAKTIONEN DES TIERS BEIM EINSCHLÄFERN?

Sicher rührt es zum Teil daher, dass sie nicht wissen, wie eine Euthanasie abläuft und was dabei mit dem Tier geschieht. Und so mancher hat in früheren Jahren, vielleicht sogar als Kind, das Einschläfern eines Tiers miterlebt und das als traumatisch empfunden. Das Bild eines Tiers das nach Luft schnappt, vielleicht sogar schreit, das erbrechen muss oder sich wehrt, spukt vielen, die ein Haustier halten, im Kopf herum. Besonders älteren Tierbesitzern geht das so. Früher wurden zum Einschläfern häufiger Medikamente mit unerwünschten Nebenwirkungen verwendet. Das ist heute anders. In Internetforen kursieren zudem Berichte von missglückten Euthanasien. So ist es verständlich, dass Tierbesitzer mit Skepsis und Angst auf eine bevorstehende Einschläferung blicken. Umso wichtiger ist es, dass sie sich umfassend über den Ablauf des tierärztlich assistierten Sterbens informieren können.

VORBEREITUNGEN FÜR EINE GEPLANTE TIEREUTHANASIE

Jedes Tier »tickt« anders. Deshalb ist der Vorlauf einer Euthanasie auch unterschiedlich. Viele Hunde und auch Katzen sind an regelmäßige Tierarztbesuche gewöhnt.

So mancher Hund hat sich womöglich immer gefreut, auf dem Behandlungstisch ein Leckerli zu bekommen, und kennt das Personal und die Praxis. Es gibt auch Katzen, die stoisch jede Prozedur in der Tierarztpraxis über sich ergehen lassen. Diese Tiere brauchen auch vor dem Einschläfern keine angstlösenden Medikamente oder Beruhigungsmittel. Gerade ältere Tiere kennen das Vorgehen von Blutuntersuchungen oder für Behandlungen in Narkose. Für sie gibt es keinen Unterschied, ob der Venenkatheter für einen Routineeingriff in Narkose, zum Beispiel eine Zahnsanierung geschoben wird, oder ob anschließend die Euthanasie eingeleitet wird.

Eine Katze aber, die eine Untersuchung immer sehr gestresst hat und die deshalb nur in Ausnahmefällen in die tierärztliche Praxis gebracht wurde, sollte schon möglichst zu Hause ein Mittel zur Beruhigung bekommen. Das Gleiche gilt für sehr ängstliche oder aggressive Hunde. Es gibt Tabletten, Kapseln oder Pasten, die dem Hund oder der Katze eine bis zwei Stunden vor dem Transport in die Praxis direkt oder mit etwas Futter verabreicht werden können. Diese Medikamente sind allerdings verschreibungspflichtig. Das heißt, sie werden von der Tierärztin genau für dieses Tier abgegeben – und das auch nur nach einer vorherigen Untersuchung. Diese kann aber durchaus einige Tage vorher stattgefunden haben. In der Regel gehen der geplanten Euthanasie ja eine Diagnostik und manchmal auch eine längere Behandlung voraus. Vielleicht waren die Tierbesitzer über Tage oder Wochen regelmäßig mit dem Patienten in der

Praxis. Die Praxismitarbeitenden geben ihnen die Medikamente dann, wenn benötigt, für den Tag der Euthanasie mit nach Hause. Diese Beruhigungsmittel sind angstlösend und oft auch etwas sedierend, machen das Tier also müde. Das erleichtert die Fahrt in die Praxis. Und auch wenn die Tierärztin zu einem Hausbesuch kommt, ist es für manches Haustier besser, schon etwas schläfrig zu sein. Die Besitzer sollten aber wissen, dass ihre Tiere dann anders reagieren als gewohnt. Sie können orientierungslos wirken oder nicht mehr gehfähig sein.

Nachdem die Tierhalter im Idealfall noch einmal über den Vorgang des Einschläferns informiert wurden, müssen sie in den meisten Praxen eine Einverständniserklärung unterschreiben. Manche empfinden das so, als sollten sie ein Todesurteil unterschreiben. Doch die Praxen müssen sich rechtlich absichern, dass die Tötung dieses Tiers auch wirklich gewünscht wird. Es kommt immer wieder vor, dass Unbefugte die Einschläferung eines Tiers veranlassen. Die Bitte um Unterschrift ist Zeichen der Sorgfalt der Tierarztpraxis – genau wie die Einverständniserklärung zu einer Narkose oder Operation.

MEDIZINISCHES VORGEHEN BEIM EINSCHLÄFERN

Wie läuft nun der Prozess des tierärztlich assistierten Sterbens ab? Welche körperlichen Reaktionen des Tiers sind bei diesem gesteuerten Sterbeprozess zu erwarten?

WAHL DER MEDIKAMENTE

Werfen wir zunächst einen Blick auf die Medikamente, die zum Einschläfern von Haustieren angewandt werden. Die in Deutschland zugelassenen Präparate zur sicheren und schmerzfreien Tötung von Haustieren können grundsätzlich in zwei Gruppen eingeteilt werden: Barbituratpräparate mit dem Wirkstoff Pentobarbital und das Kombinationspräparat T 61, das ein Narkotikum, ein Muskelrelaxans und ein Lokalanästhetikum enthält.

Pentobarbital ist heute das Mittel der Wahl und auch der meistverwandte Wirkstoff zur Euthanasie von Haustieren. Es handelt sich um einen Arzneistoff mit sedierender, hypnotischer und narkotischer Wirkung. Alle Barbiturate zählen in Deutschland zu den gesetzlich streng reglementierten Betäubungsmitteln. Pentobarbital wurde 1915 von der Firma Bayer unter dem Namen »Nembutal« zum Patent angemeldet. Früher wurde es als Schlafmittel in der Humanmedizin eingesetzt, wegen seines hohen Missbrauchspotenzials aber relativ bald durch andere Mittel ersetzt. Heute wird es fast ausschließlich in der Veterinärmedizin zur schmerzlosen Tötung von Tieren angewendet.

In der öffentlichen Diskussion ist allerdings auch deshalb häufig von Pentobarbital die Rede, weil Organisationen für humane Sterbehilfe es einsetzen, um bei Sterbewilligen durch eine Überdosis – per Infusion oder oral eingenommen – eine tödliche Barbituratintoxikation herbeizuführen.

In Deutschland darf Pentobarbital von Tierärztinnen nur unter sehr strengen Auflagen bezogen und angewandt werden. Jeder verbrauchte Milliliter muss dokumentiert und der Verbleib nachgewiesen werden. Die Aufbewahrung erfolgt im Tresor. Das bedeutet einen hohen bürokratischen Aufwand, den die Kleintierpraxen aber zugunsten des Tierwohls auf sich nehmen. Das Barbiturat, das in niedriger Dosis nicht zum Tode führen würde, muss für das Einschläfern in hoher Konzentration verabreicht werden. Als Erstes kommt es dabei zu einer Blockade des zentralen Nervensystems. Diese beginnt in der Großhirnrinde, dem Ort der bewussten Wahrnehmung. Auch wenn ein Tier zuvor keine Narkose erhalten hat, wird es durch das Pentobarbital also schnell bewusstlos. Erst dann setzt die Atmung aus, verursacht durch eine Lähmung des Atemzentrums. Davon spürt das Tier aber nichts. Letztlich führt der Atemstillstand zu Sauerstoffmangel und Herzstillstand und in dessen Folge zum Tod.

Die Verwendung des Kombinationspräparats T61 ist in den letzten Jahren immer mehr in den Hintergrund getreten. Dieses Arzneimittel unterliegt nicht dem Betäubungsmittelgesetz. Es darf außerhalb eines Tresors gelagert werden, und Tierärztinnen können es zum Beispiel auch in der Autoapotheke ohne gesonderte Vorsichtsmaßnahmen mitführen. Die für Pentobarbital und alle Betäubungsmittel gesetzlich vorgeschriebenen strengen Bezugs- und Anwendungsbeschränkungen entfallen. Die drei Wirkstoffe Embutramid (Hypnotikum), Mebezonium (Muskelrelaxans) und Tetracain (Lokalanästhetikum) führen durch Lähmung des Hirnstamms, Kreislaufkollaps und Atemlähmung zum Tod. Bei korrekter Anwendung und stabilem Kreislaufzustand des Tiers wirkt das Mittel im Idealfall innerhalb von Sekunden. Unter ungünstigen Umständen allerdings setzt bei diesem Präparat der Atemstillstand vor dem Bewusstseinsverlust ein, das Tier stirbt also durch Ersticken. Deshalb muss das Tier vor der Anwendung von T 61 zwingend tief narkotisiert werden. In Fachpublikationen lehnen verschiedene Autorinnen die Verwendung von T 61 zum Töten von Haustieren als nicht mehr »lege artis« ab. Es entspreche nicht mehr dem heutigen Stand der Wissenschaft.

TIEREUTHANASIE MIT PENTOBARBITAL

Aus der Zulassung und den Anwendungsvorschriften ergibt sich im Grundsatz, wie das Präparat verabreicht und dosiert werden muss. Trotzdem hat jede Tierarztpraxis ihr eigenes Vorgehen. Auch muss bei der Euthanasie von Fall zu Fall entschieden werden, welche Medikamente zum Beispiel für eine sogenannte Prämedikation, also die vorhergehende Sedierung oder Narkose des Tiers gewählt werden.

Im Normalfall läuft die Tiereuthanasie in einer Tierarztpraxis so ab: Zunächst wird das Tier gründlich untersucht. Dann bespricht die Tierärztin mit den Besitzern noch einmal, dass das Einschläfern die beste Lösung für dieses Tier ist. Nachdem die Tierhalter dies bestätigt haben, wird sowohl bei Hunden als auch bei Katzen das Fell an einem Vorderbein oder seitlich am Hinterbein geschoren. So kann die Tierärztin die Vene sichtbar machen, in die nun ein sogenannter Venenverweilkatheter eingeführt wird. Das Abtupfen oder Einsprühen der Haut mit etwas Alkohol an der Einstichstelle hilft zusammen mit dem Anstauen des Gefäßes, das Blutgefäß gut sichtbar zu machen und zu treffen. Ist die Vene punktiert, fließt also ein wenig Blut, schiebt die Ärztin das kleine Kunststoffröhrchen des Venenzugangs vorsichtig in das Blutgefäß vor. Die innen liegende Stahlkanüle wird herausgezogen.

Dieser Vorgang ist für das Tier völlig schmerzfrei. Lediglich der Einstich in die Haut über der Vene kann einen kurzen Schmerzreiz auslösen. Zudem mögen viele Tiere es nicht, festgehalten zu werden. Die sorgsame Fixierung des Tiers beim Legen des Zugangs ist aber wichtig, damit der Katheter sicher liegt und es nicht zu einer unnötigen Verletzung der Gefäßwand oder des umliegenden Gewebes kommt. Daher wird die Tierärztin in den meisten Fällen darauf bestehen, dass eine Tiermedizinische Fachkraft den Hund oder die Katze festhält. Ist der Venenkatheter mit Klebeband fixiert, ist für den Hund oder die Katze schon das Schlimmste vorbei. Das Tier kann sich wieder frei bewegen, und die Besitzer dürfen es auch selbst auf dem Tisch festhalten, in den Arm nehmen oder auf den Schoß setzen.

Im nächsten Schritt überprüft die Tierärztin mit ein wenig Infusionslösung nochmals, ob der venöse Zugang durchgängig ist. Damit geht sie sicher, dass später verabreichte Medikamente auch wirklich in das Blutgefäß gelangen und nicht daran vorbei (fachsprachlich: »paravenös«) fließen. Manche Narkosemittel können gewebsreizend sein, wenn sie nicht genau in die Vene gegeben werden. Das soll vermieden werden, um dem Tier unnötige Schmerzen zu ersparen. Anschließend leitet die Tierärztin mit geeigneten Medikamenten eine tiefe Narkose ein. Durch die intravenöse Gabe erreicht das Narkosemittel innerhalb kürzester Zeit (einige Sekunden, maximal wenige Minuten) das zentrale Nervensystem des Tiers. Der Hund oder die Katze gelangt also sehr schnell in einen Zustand der Bewusstlosigkeit, Schmerz- und Empfindungslosigkeit. Der Körper entspannt sich. Selbst wenn ein Tier vorher vor Schmerzen sehr verkrampft oder unruhig war und schwer geatmet oder gehechelt hat, tritt jetzt eine langsame, ruhige Atmung ein. Das Tier liegt da, als ob es schliefe. Nur die Augen bleiben offen, wie immer bei einer Narkose.

Jede Narkosemischung führt zur Entspannung der gesamten Körpermuskulatur. Der Lidschluss ist aber ein willkürlicher Akt, den das Tier (und übrigens auch der Mensch) unter Vollnarkose nicht mehr bewusst vollziehen kann. Deshalb bleiben die Augen offen.

Liegt das Tier in Narkose, hat es schon das meiste hinter sich. Es ist vollkommen bewusstlos, wie in einem tiefen Schlaf. Es empfindet keine Schmerzen und auch keine beängstigenden Zustände wie Atemnot. Das Letzte, was Hund oder Katze bei der begleiteten Euthanasie mitbekommen hat, waren die Anwesenheit ihrer Bezugsperson, eine vertraute Stimme und ein bekannter Geruch. Im letzten Schritt verabreicht die Tierärztin über den gleichen Venenzugang, durch den das Narkotikum gegeben wurde, auch das zum Tod führende Pentobarbital.

ABSCHIED VOM SCHLAFENDEN TIER

In der Regel besteht die Möglichkeit, sich vom schlafenden Tier zu verabschieden. Die Tierhalter können bestimmen, wann sie bereit sind, den letzten Schritt zu gehen. Es kommt immer wieder vor, dass Tierbesitzer darum bitten, mit der tödlichen Spritze zu warten, bis weitere Familienangehörige eingetroffen sind. Besonders dann, wenn die Tiereuthanasie nicht geplant war, sondern eine unerwartete, schwerwiegende Diagnose oder ein Unfall des Tiers mit schwersten Knochenbrüchen oder inneren Verletzungen eine Euthanasie notwendig machen.

In solchen Fällen ist es verständlich, dass die Begleitpersonen Partner oder Partnerin, Kinder oder enge Freunde um sich haben möchten. »Bitte warten Sie noch, bis meine Tochter da ist!« Wann immer die Abläufe in der Praxis es zulassen, wird die Tierärztin einen solchen Wunsch respektieren.

Man sollte aber unbedingt vermeiden, das Tier aus einer (Operations-) Narkose noch einmal wach werden zu lassen, um sich »bei Bewusstsein« von ihm zu verabschieden und es anschließend wieder in Narkose zu legen und einzuschläfern. Für das Tier wäre das eine Zumutung. Es soll ohne zusätzliche Schmerzen und Stress sterben dürfen. Dahinter sollten die Bedürfnisse des Menschen zurückstehen.

Die »Allgemeinanästhesie«, wie die Narkose auch genannt wird, kann aber durchaus aufrechterhalten werden, bis sich alle Beteiligten vom Haustier verabschieden konnten. In der Praxis kann Hund oder Katze dazu wenn nötig auch intubiert und an die Inhalationsnarkose angeschlossen werden, bis alle eingetroffen sind, die bei der Euthanasie anwesend sein sollen. Tierbesitzer sollten sich allerdings bewusst sein, dass erhöhter Zeitaufwand und weiterer Geräteeinsatz immer auch zu höheren Kosten führen.

MÖGLICHE REAKTIONEN DES TIERS BEIM STERBEN

Da das Tier in der Regel durch die Vollnarkose schon im Stadium einer tiefen Bewusst-, Empfindungs- und Schmerzlosigkeit ist, ist der Übergang zum Sterbeprozess für die Begleitperson oft gar nicht wahrnehmbar. Es ist aber möglich, dass das Tier nach der Injektion des Pentobarbitals etwas schneller und tiefer atmet. Diese sogenannte Schnappatmung, die zeitweilig mit längeren Atemaussetzern einhergehen kann, gehört zu den Anzeichen des unmittelbar bevorstehenden Todes. Das Tier selbst spürt sie nicht mehr. Außerdem kann es zu einem vorübergehenden Anspannen der gesamten Körpermuskulatur kommen. Es sieht aus, als streckte sich der Hund oder die Katze noch einmal. Nachdem die Atmung ausgesetzt hat, schlägt das Herz noch für eine kurze Weile weiter.

Wenn die Besitzer möchten, können sie ihre Hand auf den Brustkorb des Tiers legen, um zu fühlen, wie der Herzschlag schwächer wird. Mit dem Stethoskop kann man während des Sterbeprozesses auch zuhören, wie die Herztöne immer leiser werden. Es klingt, als entfernte sich der Herzschlag langsam, als hörte man Schritte in einem weiten Raum verhallen. Bis Atmung und Herzschlag endgültig aussetzen, vergehen maximal wenige Minuten. Oft geht es auch schneller. Schließlich kommen Atmung und Herzschlag endgültig zum Stillstand. Alle Reflexe sind nun erloschen. Das Tier ist tot.

Weil sich im Tierkörper Bindungen in den Muskelzellen lösen, kann es auch Minuten nach dem Tod noch einmal zu isolierten Zuckungen kommen. In vielen Fällen entleeren sich beim toten Tier Blase und Darm. Dies ist für die Anwesenden unangenehm, gehört aber bei Tier und Mensch zu den normalen Vorgängen des Sterbens. Mit Zellstoff und entsprechenden Unterlagen lassen sich Verunreinigungen vermeiden.

Einige Minuten nach Eintreten des Todes hört die Tierärztin erneut das Herz des Tiers ab. Es schlägt nicht mehr. Weitere Kriterien, die einen Tod sicher bestätigen lassen, sind fehlender Puls und Atmung, der Verlust von allen Reflexen und das Grauwerden der Schleimhäute. Die Tierärztin überzeugt sich, dass das Tier definitiv tot ist. Damit kann sie auch die Sorge mancher Tierbesitzer nehmen, dass ihr Tier nur »scheintot« ist und später wieder wach werden könnte.

Die Totenstarre tritt je nach Tiergröße und Umgebungstemperatur wenige Stunden nach dem Tod ein. Dies ist zu bedenken, wenn Besitzer das Tier selbst beerdigen und es dazu vorher in eine Kiste oder einen Karton legen möchten.

VORGEHEN BEI EINER EUTHANASIE OHNE VENENKATHETER

Die Venenwand älterer Tiere ist oft brüchiger als die von jungen Tieren. Sie kann beim Anstechen platzen, sodass Blut ins umliegende Gewebe gelangt und Medikamente nicht mehr intravenös verabreicht werden können. Auch gibt es bei Tieren wie beim Menschen »Rollvenen«, die schwierig zu fixieren sind. Blutgefäße können außerdem durch vorherige Infusionen oder Behandlungen verletzt und dadurch verstopft sein. Ein schwacher Kreislaufzustand, wie er häufig bei altersschwachen oder schwer kranken Tieren anzutreffen ist, erschwert das Auffinden eines geeigneten Blutgefäßes. Schließlich kann die Vene vielleicht noch punktiert werden, aber dann kollabieren.

Trotz mehrfacher Versuche kann es sich also als unmöglich herausstellen, einen Venenzugang beim Tier zu legen. Dann gibt es andere Möglichkeiten, die Tiere zu narkotisieren, beispielsweise durch eine Narkosespritze in den Muskel.

Auch bei Kaninchen und kleinen Nagern, bei denen das Legen eines Venenkatheters schwer bis unmöglich ist, geht man oft so vor. Gerade kleine Heimtiere sind es, wenn sie nicht sehr zahm sind, nicht gewohnt, von Menschen festgehalten zu werden. Eine längere Fixierung stresst sie sehr. Eine Narkose- oder Sedierungsspritze in den Muskel oder unter die Haut lässt sie ruhig einschlafen, am besten in einer Transportbox oder Kiste.

Die Spritze in den Muskel ist für das Tier zunächst etwas unangenehm, weil es zu vorübergehendem Brennen oder Schmerzen an der Einstichstelle kommen kann. Das Einschlafen dauert länger als bei der intravenösen Sedierung. Auch kann es bei manchen Tieren zu Unruhe, vorübergehendem Krampfen, Speicheln oder Übelkeit kommen. Davon bekommt das Tier selbst aber in der Regel nichts mit, da das Bewusstsein immer als eine der ersten Körperfunktionen ausgeschaltet wird. Ziel ist es hier wie bei der intravenös eingeleiteten Narkose, dass das Tier bewusstlos, entspannt und empfindungslos wird. Anhand von Lidreflex und Pupillenstand kann die Tierärztin die Narkosetiefe erkennen und entscheiden, wann die weiteren Schritte zum Einschläfern vorgenommen werden.

Das tödliche Barbiturat wird bei Tiereuthanasien ohne Venenzugang auf anderem Wege verabreicht. Bei kleinen Hunden, Katzen, Kaninchen und kleinen Nagern kann das Mittel in die Bauchhöhle (fachsprachlich: intraperitoneal) gespritzt werden. Auch die Injektion in den Brustkorb (intrapleural) oder in die Lunge (intrapulmonal) ist möglich. Das Medikament wird dann vom Körper über feinste Blutgefäße aufgenommen. Daher dauert es bis zum Atem- und Herzstillstand deutlich länger, in einigen Fällen sogar mehr als eine Viertelstunde. Krämpfe oder Laute des Tiers sind aber auch hier in der Regel nicht zu erwarten, die körperlichen Reaktionen gleichen denen bei der intravenösen Injektion. Bei großen und schweren Hunden ist eine intraperitoneale Anwendung aufgrund der erforderlichen großen Menge an Wirkstoff und der langen Zeit bis zur vollständigen Aufnahme in den Blutkreislauf nicht möglich.

Eine weitere schonende, sehr wirkungsvolle Methode, Pentobarbital zu verabreichen, ist die Injektion ins Herz. Da Nichtmediziner dieses Organ oft als Sitz des Lebens und der Gefühle empfinden, lehnen viele Tierbesitzer diese Applikationsart spontan ab. Das ist verständlich und sollte ernst genommen werden. Aber auch hier gilt: Wer verstanden hat, was geschieht, kann besser entscheiden. Gerade im Schockzustand, etwa nach einem Unfall, bei starken inneren Blutungen oder aufgrund einer schweren Erkrankung ist der Kreislauf des Tiers instabil. So dauert es mitunter lange, bis das Barbiturat zum zentralen Nervensystem gelangt – wenn es nicht intravenös verabreicht werden konnte, sondern eben zum Beispiel in die Bauchhöhle. Das Herz als zentraler Hohlmuskel pumpt das Blut in den Körperkreislauf und bevorzugt zum Gehirn.

Wird das Pentobarbital gezielt in eine der Herzkammern injiziert, kann das Mittel innerhalb weniger Sekunden wirken. Die Tierärztin kann dabei die Spritze mit der Hand abschirmen, sodass der Vorgang für den Besitzer kaum sichtbar ist. Er nimmt dann nur wahr, dass etwas in den Brustkorb gespritzt wird. Das Tier stirbt sehr schnell und ohne Kampf. Entscheidet sich die Tierärztin also zu einer intrakardialen Injektion, tut sie das nur, um das Tier so schonend und schnell wie möglich zu erlösen. Und natürlich geschieht auch die intrakardiale Injektion nur in tiefer Narkose.

UNERWÜNSCHTE REAKTIONEN BEI DER EUTHANASIE

Wenn die hier beschriebenen Methoden so schonend und schmerzfrei sind, woher rühren dann die Schilderungen krampfender, schreiender Tiere beim Einschläfern? Anders gefragt: Kann beim Einschläfern auch etwas schiefgehen?

Natürlich. Wie anfänglich beschrieben, erfolgt jedes Einschläfern durch die Überdosis eines Schlaf- oder Narkosemedikaments, sei es Pentobarbital oder das Euthanasiemittel T61, dessen einer Bestandteil ja auch ein Narkotikum ist. Es gibt grundsätzlich vier Narkosestadien, die je nach Substanz oder Kombination des verwendeten Präparats unterschiedlich ausgeprägt sind. Im ersten Stadium wird das Schmerzempfinden ausgeschaltet. Es kommt zu einer Dämpfung des Bewusstseins, aber die Körperreflexe sind gesteigert. Auf dieses sogenannte Stadium der Analgesie, also der Schmerzlosigkeit, folgt als zweites Stadium das sogenannte Exzitationsstadium, also das Stadium der Erregung. In diesem kann es zu unkontrollierten Muskelzuckungen bis hin zu starkem Krampfen, zu Lautäußerungen des Tiers, hechelnder Atmung und Pupillenweitung kommen. Dieses Stadium wird durch geeignete Medikation möglichst schnell überwunden, meist sogar übersprungen, um dann das »Toleranzstadium« zu erreichen, das Stadium der Bewusstseins-, Schmerz- und Erregungslosigkeit. Schließlich tritt das Stadium der sogenannten

Asphyxie, des Atemstillstands, ein. Dieses Stadium ist bei Operationsnarkosen unerwünscht, für das Einschläfern wird es bewusst herbeigeführt.

Misslingt eine Euthanasie, zeigt das Tier Symptome wie Krämpfe, Speicheln oder es beginnt laut zu schreien. Das Tier ist in diesem Fall im Exzitationsstadium hängen geblieben. Das kann Folge einer Unterdosierung oder falscher Mittelwahl sein. Oder das Arzneimittel wurde nicht den Anwendungsvorschriften entsprechend appliziert. Venenkatheter können verrutschen, und trotz aller Sorgfalt kann es passieren, dass Medikamente nicht direkt an ihren Bestimmungsort gelangen, also in die Vene oder das Herz. Im Ergebnis ist die Narkose dann nicht tief genug. Oder das Tier stirbt nicht so schnell wie geplant. Man darf auch nicht vergessen, dass jedes Lebewesen anders reagieren kann, als es im Lehrbuch oder in der Packungsbeilage eines Medikaments steht.

Diese Fälle sind aber selten. Verschiedene Maßnahmen, die die Tierärztin ergreift, können Zwischenfälle auf ein Minimum reduzieren. Fehler entstehen am häufigsten durch Flüchtigkeit oder in Eile. Gründliche Vorbereitung und konzentrierte Durchführung sind das A und O jeder ärztlichen Behandlung – und erst recht einer Tiereuthanasie. Jegliche Eile, ein volles Wartezimmer, eingehende Telefonate oder Ablenkung durch Kolleginnen, aber auch ein laufender Fernseher bei Hausbesuchen, schreiende Kinder oder bellende Hunde sind Störfaktoren, die es möglichst auszuschließen gilt.

Sie irritieren das sterbende Tier, die begleitenden Menschen und auch die behandelnde Tierärztin. Sich Zeit zu nehmen und auf Ruhe zu bestehen, ist neben den passend gewählten Medikamenten und dem fachlich korrekten Vorgehen ein wichtiger Punkt. In den allermeisten Fällen werden Tierärztinnen so das Leben ihres Patienten gut und würdig beenden können – für Mensch und Tier.

Aus der Praxis

Noch einmal zu Luna: Nachdem ich Lunas Besitzerin und deren Tochter über den Ablauf der Euthanasie aufgeklärt hatte, waren sie etwas beruhigt. Sie entschlossen sich, Luna gehen zu lassen. Die Frau telefonierte mit ihrem Partner, der kurze Zeit später dazukam. Ich gab Luna über den schon vorhandenen Venenzugang ein Narkosemittel. Als alle sich von ihr verabschiedet hatten, bekam die Hündin die zweite Spritze mit dem Pentobarbital. Die Besitzerin hielt ihren Kopf und streichelte sie. Nach wenigen Augenblicken war Luna gestorben.

So traurig der Fall war: Luna musste nicht lange leiden. Sie ist schließlich sanft eingeschlafen.

»Kommen Sie zu uns, wenn es so weit ist?« – Hausbesuch oder doch in der Praxis

Die Vorstellung, das geliebte Tier im häuslichen Umfeld einschlafen zu lassen, ist für viele Tierhalterinnen tröstlich. Auch wenn der Gedanke an eine Euthanasie noch gar keine Rolle spielt, wird am ehesten über den Ort, das »Setting« des letzten Wegs gesprochen. Kunden fragen: »Wenn es so weit ist – würden Sie auch zu uns kommen?« Es gibt sogar Neukunden, die ihre Tierarztpraxis danach wählen, ob Hausbesuche zur Euthanasie gemacht werden. Anderen wiederum ist der Gedanke, das Sterben des Haustiers zu Hause zu begleiten, eher fremd. Es ist wichtig, die Vor- und Nachteile eines Hausbesuchs zu kennen, um dann entscheiden zu können.

WER MACHT HAUSBESUCHE?

Natürlich ist es für Tierhalterinnen und den tierischen Patienten wünschenswert, dass die vertraute Tierärztin auch für eine häusliche Sterbebegleitung zur Verfügung steht. Und viele Tierärztinnen kommen zur Euthanasie zu den Kunden, auch wenn sie sonst keine Hausbesuche machen. In größeren Praxen ist nicht immer gewährleistet, dass die behandelnde Ärztin diesen Besuch machen kann. Vielleicht ist sie gerade im Urlaub oder hat keinen Dienst. Dann kann eine Kollegin aus derselben Praxis zu den Kunden nach Hause kommen. Über Krankengeschichte und Diagnose ist sie informiert, im Idealfall kennt auch die Kollegin Hund oder Katze selbst.

Es gibt allerdings auch Tierarztpraxen, die grundsätzlich keine Hausbesuche machen. Das kann an der Praxisorganisation liegen oder an negativen Erfahrungen, die Tierärztinnen bei Hausbesuchen gemacht haben. Wenn Tierhalter trotzdem einen Hausbesuch zur Euthanasie wünschen, können sie sich dafür an eine andere Praxis wenden. Oder sie kontaktieren zum Einschläfern eine mobile Tierärztin. Diese haben keine Praxisräumlichkeiten, dafür aber speziell ausgestattete Fahrzeuge. Viele sind selbstständig tätig, in Großstädten gibt es auch mobil tätige Tierärztinnen, die bei einem bundesweit agierenden Unternehmen angestellt sind. Vorteile mobiler Tierarztpraxen sind die zeitliche Flexibilität und die speziell ausgestatteten Fahrzeuge, in denen Instrumente für den Hausbesuch und Medikamente mitgeführt werden. Noch gibt es in Deutschland keine »Tierärztinnen für Hausbesuchs-Euthanasie«, die ausschließlich häusliche Palliativbetreuung und Sterbebegleitung beim Tier anbieten. Doch so, wie sich die Tiermedizin hier entwickelt, könnte diese Nische durchaus bald ausgefüllt werden. In den USA zum Beispiel gibt es bereits solche Tierärztinnen, organisiert im Unternehmen »Lap of Love«. Tierhalter wenden sich gezielt an sie, wenn ihr

Hund oder ihre Katze zu Hause eingeschläfert werden soll. Dort ist die Tiermedizin anders strukturiert, der Markt wird beherrscht von großen Praxis- und Klinikketten. Die private Einzelpraxis, in der eine Tierärztin als »Hausärztin« den tierischen Patienten von klein auf betreut, ist selten, mobile Tierärztinnen mit verschiedensten Schwerpunkten gibt es dagegen häufiger als bei uns.

Nimmt man die Dienste einer mobilen Tierärztin nur für die Euthanasie seines Tiers in Anspruch, fehlt allerdings das langjährige Vertrauen, das man im Idealfall zu »seiner« Tierärztin aufgebaut hat. Ein gutes Verhältnis zwischen Tierhalterinnen und Tierärztin kann aber durchaus auch innerhalb kurzer Zeit entstehen. Mobil tätige Tierärztinnen haben oft besondere Erfahrung im Umgang mit sterbenden Tieren und trauernden Besitzerinnen, da sie häufig zum Einschläfern gerufen werden. Einige Tierhalter empfinden es auch als entlastend, wenn eine andere als die bisher behandelnde Tierärztin ihren Hund oder ihre Katze einschläfert. Haben sie weitere Tiere, können sie mit ihnen weiter zur vertrauten stationären Tierärztin gehen, ohne dass Praxisräumlichkeiten und Personen an die schmerzliche Situation des Einschläferns erinnern. Auch kann eine unbekannte Tierärztin für Hund oder Katze weniger stressend sein, weil sie mit dieser Person keine negativen Assoziationen verknüpfen.

Aus der Praxis

In der Zeit meiner Selbstständigkeit bot ich neben der stationären Kleintierpraxis einen tierärztlichen Hausbesuchsdienst an. Ich kam nicht nur zum Einschläfern der Tiere nach Hause, sondern auch für andere Behandlungen, die außerhalb der Praxisräume möglich waren. Eine Tierärztin aus dem Nachbarort machte generell keine Hausbesuche, auch nicht zur Euthanasie. Die Kollegin gab Kundinnen daher meine Nummer, wenn deren Tier zu Hause eingeschläfert werden sollte. Ich besuchte die Tierbesitzer dann vor dem Euthanasietermin, um den Patienten zu untersuchen und mich davon zu überzeugen, dass wirklich ein Grund zum Einschläfern vorlag.

Herr und Frau Möller haben Toska vor vielen Jahren aus Italien mitgebracht. Ihre »Italienerin«, wie sie liebevoll sagen, ein freundlicher Windhundmischling, ist mittlerweile hochbetagt und gebrechlich. Möllers, eigentlich Kunden meiner Kollegin, kontaktieren mich, weil Toska kaum noch laufen kann und sie einen Hausbesuch zur Euthanasie wünschen. Ich betreue Toska noch einige Wochen palliativmedizinisch, bis ich sie an einem Sommerabend auf der Terrasse ihres Hauses einschläfere. Anschließend sitze ich noch eine Weile bei den Möllers, und sie erzählen von diesem besonderen Hund und ihrer gemeinsamen Zeit in Italien. Einige Tage später wird in der Praxis ein großer Geschenkkorb für mich abgegeben. Darin italienische Spezialitäten und eine Karte. »Von Familie Möller und Toska. Danke für die gute letzte Zeit! Wir bringen Toska nun zurück nach Hause.« Die Asche wollen sie in Umbrien verstreuen.

MEIN RAT

Wünschen Sie einen tierärztlichen Hausbesuch für den Fall, dass Ihr Hund oder Ihre Katze eingeschläfert werden muss, besprechen Sie dies rechtzeitig mit Ihrer Tierärztin. Falls Ihre Tierarztpraxis keine Hausbesuche anbietet, kann sie Ihnen Alternativen nennen. Manche Praxen kooperieren für solche Fälle mit mobilen Tierärztinnen. Sie können aber auch von sich aus Kontakt zu einer mobil arbeitenden Tierärztin aufnehmen, wenn Sie das möchten. Eventuell wird diese Untersuchungsergebnisse oder eine Überweisung durch die behandelnde Tierärztin anfordern, um die Notwendigkeit der Euthanasie bestätigt zu bekommen.

VORBEREITUNGEN FÜR EINEN HAUSBESUCH

DIE TERMINVEREINBARUNG

Soll die Tierärztin zum Einschläfern von Hund oder Katze (Kaninchen und kleinere Heimtiere werden eher selten zu Hause eingeschläfert) ins Haus kommen, geschieht das in der Regel zu einem vorher vereinbarten Termin. Es kann sein, dass Hausbesuche nur zu bestimmten Zeiten gemacht werden, zum Beispiel vor oder nach der Praxissprechstunde oder in der Mittagszeit. Es hängt auch davon ab, wie viele Tierärztinnen in einer Praxis arbeiten. Die meisten Tierarztpraxen bieten keine Hausbesuche zu Notdienstzeiten, also nachts oder am Wochenende, an.

NÖTIGE HILFESTELLUNG

Neben dem Zeitpunkt muss geklärt sein, wer der Tierärztin bei der Euthanasie assistieren kann. Je nachdem, wie kooperativ Hund oder Katze sind, muss jemand das Tier festhalten. Wenn der Tierhalter körperlich oder psychisch dazu nicht in der Lage ist, wird die Tierärztin eine Hilfskraft aus der Praxis mitbringen. Manche Tierärztinnen werden zum Hausbesuch grundsätzlich von einer Tiermedizinischen Fachangestellten begleitet. Das kann für die Besitzerinnen eine große Entlastung sein, weil die Helferin dann die Assistenz übernimmt. Andererseits ist für manche Tiere eine Situation umso stressiger, je mehr (fremde) Menschen anwesend sind. Auch hier gilt: vorher klären, was hilfreich ist.

AUSREICHEND LICHT

Wie im Kapitel über den Ablauf der Euthanasie beschrieben, wird sowohl Hunden als auch Katzen in der Regel ein Venenkatheter gelegt, um die Narkose einzuleiten. Dazu braucht es gute Lichtverhältnisse. Die Vene muss fürs Punktieren gut zu sehen sein. Auch für die Vorbereitung der Euthanasie braucht es ausreichend

Licht, zum Beispiel um Medikamente korrekt dosieren zu können. Das heißt nicht, dass der ganze Raum so hell erleuchtet sein muss wie ein Operationssaal. Aber eine punktuell helle Lichtquelle ist wichtig. Liegt der Hund oder die Katze in Narkose, darf das Licht gern wieder gedämpft sein.

Aus der Praxis

Es ist November, Ende der Sprechstunde. Ich habe Frau Bauer zugesagt, dass ich um 18.30 Uhr zu ihr nach Hause komme. Ihr zwölf Jahre alter Mops Joop soll eingeschläfert werden. Frau Bauer öffnet mir die Tür und führt mich ins Wohnzimmer. Der Raum ist nur von Kerzen erleuchtet. Mindestens ein Dutzend, verteilt auf Regalen und Sideboards. Frau Bauers Lebensgefährte kniet vor dem Hundekörbchen, in dem Joop liegt. Beide weinen. Ich kann ihren Schmerz nachfühlen. Trotzdem muss ich ein paar technische Hinweise geben, bevor ich den Hund in Narkose legen kann. »Um Joop gut und sicher die Narkosespritze geben zu können, brauche ich es heller. Und es wäre gut, wenn wir Joop mit dem Kissen auf eine etwas erhöhte Position bringen. Sonst komme ich nicht an sein Hinterbein, um den Venenkatheter zu legen.« Frau Bauer versucht, mir mit ihrem Handy zu leuchten, doch das reicht nicht aus. »Haben Sie eine Stehlampe oder Ähnliches?« Schließlich schaltet Frau Bauers Partner doch das Wohnzimmerlicht an, bis ich den Venenkatheter gelegt und die Narkosemedikamente gegeben habe.

Frau Bauer nimmt Joop, der schon tief schläft, in den Arm. Ab jetzt genügt das Kerzenlicht.

GEEIGNETE ÖRTLICHKEIT

In der Praxis stehen höhenverstellbare Behandlungstische zur Verfügung, die eine sichere Fixierung der Tiere und rückenschonendes Arbeiten für die Tierärztinnen gewährleisten. Aber selbst dort kniet die Tierärztin manchmal auf dem Boden, um einen Hund zu behandeln, der womöglich Angst vor dem Tisch hat. Bei Hausbesuchen müssen Tierärztinnen mit den örtlichen Gegebenheiten klarkommen. Katzen lassen sich noch am ehesten auf Küchen- oder Esstisch behandeln, der durch eine Decke geschützt wird. Für größere Hunde zum Beispiel muss aber ein geeigneter Platz gefunden werden, der für das Tier bequem ist und der Tierärztin gleichzeitig ein gutes Arbeiten ermöglicht.

Aus der Praxis

Ich habe Kolleginnen für dieses Buch einmal gefragt, an welchen Plätzen sie schon Hunde oder Katzen bei Hausbesuchen eingeschläfert haben. Hier eine kleine Auswahl an Antworten: Im Badezimmer auf dem Duschvorleger hockend. Im (ungemachten) Ehebett. Unterm Schreibtisch, weil dort der Lieblingsplatz des Hunds war. Im und vor dem Hundezwinger. Im Carport. Im Kinderzimmer unterm Hochbett. Auf der

Eckbank in der Küche. Im Yogaraum und im Gartenhaus. Es gab aber auch sehr schöne Locations, an denen ich selbst Haustiere eingeschläfert habe: auf der Terrasse in der Abendsonne. Im Garten unter einem Kirschbaum. Vor der Haustür auf einer schönen Holzbank. In der Wohnküche im Beisein der ganzen Familie. Im Pferdestall im duftenden Heu. Im Schrebergarten. Und einen Hund habe ich im Wohnwagen eingeschläfert, weil er immer so gern mit in den Urlaub gefahren ist.

MEIN RAT

Überlegen Sie, wo in der Wohnung sich Ihr Tier am wohlsten fühlt – zum Beispiel in seinem Körbchen oder auf seinem Kissen in einem vertrauten Raum. Der Ort für die Euthanasie sollte so gewählt sein, dass die Tierärztin in bequemer Körperhaltung arbeiten kann. Neben ausreichend Licht muss auch Platz für die Vorbereitungen zur Euthanasie vorhanden sein, etwa auf einem Tisch oder einer sonstigen ebenen Fläche.

Beim Anlegen des Venenkatheters kann Blut auf die Unterlage gelangen. Außerdem kann Ihr Tier im Sterben und danach Urin und Kot verlieren. Legen Sie daher waschbare Decken und Handtücher oder flüssigkeitsdichte Unterlagen bereit.

Eher scheue Katzen sollten in einen Raum gebracht werden, in dem sie sich nicht unter Möbeln verkriechen können. Muss man sie erst unter dem Sofa

oder hinter dem Küchenschrank hervorholen, stresst das Tier und Mensch.
Läuft der Fernseher oder das Radio? (Ruhige) Musik ist okay, alles andere lenkt ab. Bedenken Sie, dass die Tierärztin sich konzentrieren muss, um die benötigten Medikamente fachgerecht zu applizieren.
Stellen Sie sicher, dass Telefon und Handy stumm geschaltet sind. So kann Sie niemand (ungewollt) stören, und Sie können ganz bei Ihrem Tier sein.
Bei einem Hausbesuch kommen wir Tierärztinnen in Ihren Privatbereich. Die Wohnung muss weder aufgeräumt noch geputzt sein. Sie sollten sich aber selbst damit wohlfühlen, dass wir in Ihre Räume kommen. Bedenken Sie, was wir als Fremde zu sehen bekommen sollen und was nicht. Berücksichtigen Sie auch das bei der Wahl des Orts, an dem Ihr Tier eingeschläfert werden soll.

HAUSBESUCH: PRO UND CONTRA

Während die meisten Patientenbesitzerinnen das Einschlafen ihres geliebten Tiers in den eigenen vier Wänden für wünschenswert halten, sehen Tierärztinnen auch die negativen Seiten. Es gibt gute Argumente sowohl für das Einschläfern im Rahmen eines Hausbesuchs als auch dagegen.

WAS SPRICHT FÜR EINEN HAUSBESUCH?

- Die meisten Katzen und viele Hunde fühlen sich in ihrer gewohnten Umgebung wohler als in der Tierarztpraxis, in der sie oft ängstlich und gestresst sind. Auch die Autofahrt zur Praxis bleibt ihnen so erspart.
- Große Hunde, die nicht mehr laufen oder stehen können, müssen erst gar nicht transportiert werden.
- Tierhalterinnen können den Raum, in dem ihr Tier eingeschläfert wird, selbst herrichten und für Atmosphäre sorgen. Das Tier muss nicht auf den Behandlungstisch.
- Zu Hause können weitere Personen beim Einschläfern dabei sein, in der Praxis ist der Platz meist begrenzter.
- Viele Tierbesitzer scheuen sich, in der Praxis ihre Gefühle zu zeigen, und meinen gar, sich entschuldigen zu müssen, wenn sie weinen. Zu Hause ist das anders.
- Zu Hause treffen die Besitzer nicht auf andere Tierhalter, die mit ihren Tieren in der Praxis warten.
- Das Abschiednehmen vom toten Tier kann in der eigenen Wohnung in Ruhe geschehen. Man muss keine Rücksicht auf Praxisabläufe nehmen.
- Eventuell vorhandene weitere Hunde können zu Hause vom gestorbenen Rudelmitglied Abschied nehmen.
- Findet das Einschläfern zu Hause statt, ist für Tierbesitzerinnen die Tierarztpraxis nicht mit der Erinnerung an eine Euthanasie verknüpft. Das kann von Be-

deutung sein, wenn Menschen noch andere Tiere haben oder sich später wieder eines anschaffen und mit ihm erneut in die Tierarztpraxis kommen müssen.

WAS SPRICHT GEGEN EINEN HAUSBESUCH?

- Die Tierärztin dringt beim Hausbesuch in das Revier des Hunds oder der Katze ein. Darauf reagieren Tiere sehr unterschiedlich. Hatten sie schon vorher eine Aversion gegen die Tierärztin, kann die Grenzüberschreitung zusätzlichen Stress bedeuten.
- Die Tierärztin arbeitet unter erschwerten Bedingungen. Sie muss benötigte Materialien mitbringen, die in der Praxis bereitliegen. Lichtverhältnisse und Arbeitsposition ohne Behandlungstisch sind oft nicht optimal.
- Kommt die Tierärztin allein, müssen Besitzer ihr Tier selbst festhalten.
- Die meisten Tierärztinnen nehmen die eingeschläferten Tiere anschließend nicht mit in die Praxis. So sind die Tierhalterinnen nach der Euthanasie mit ihrem toten Tier allein. Für manche kann das belastend sein.
- So wie Tierbesitzerinnen nach einer Euthanasie negative Assoziationen an Praxisräume haben können, kann es anderen zu Hause gehen. Manche werden immer wieder an den Tod ihres Hunds oder ihrer Katze erinnert, sobald sie den Raum betreten, in dem ihr Haustier eingeschläfert wurde.

- Manchmal sind die räumlichen Verhältnisse der Wohnung so eng, dass es schwierig ist, dort überhaupt eine Euthanasie gut und entspannt durchzuführen. Mensch und Tier können dadurch zusätzlich gestresst sein.

Aus der Praxis

Eine Kollegin machte als junge Assistentin einen Hausbesuch zur Euthanasie in einer kleinen Einzimmerwohnung. Neben der Tierhalterin war auch die befreundete Hundesitterin dabei. Beide waren sehr traurig, dass die alte und schwer kranke Hündin eingeschläfert werden musste. Im ganzen Zimmer brannten Kerzen. Die Kollegin bereitete alles vor, dann begann sie, der Hündin den Venenkatheter zu legen. Tierhalterin und Freundin hielten den Hund. Plötzlich bemerkte die Tierärztin Brandgeruch. Die langen Haare der Tierhalterin hatten an einer der Kerzen Feuer gefangen. Alle drei waren so auf die Hündin fixiert, dass sie die Gefahr nicht erkannten. Schnell nahm meine Kollegin eine Decke und erstickte damit die Flammen. Die Besitzerin hatte glücklicherweise keine Verletzungen erlitten, aber einen gehörigen Schreck – und das Feuer hatte ihre Frisur zerstört. Seitdem sind brennende Kerzen für meine Kollegin beim Einschläfern tabu.

MEIN RAT

Nicht für alle Tiere und ihre Besitzer ist ein Einschläfern zu Hause die beste Lösung. Wägen Sie ab, was in Ihrer Situation und für Ihr Tier gut ist. Besprechen Sie sich mit Ihrer Tierärztin und anderen Menschen aus Ihrem Umfeld.

EINSCHLÄFERN IN DER PRAXIS

Auch in der Tierarztpraxis kann ein Tier würdevoll und sanft eingeschläfert werden. Die meisten Tierarztpraxen und Tierkliniken sind mittlerweile sehr darauf bedacht, dass die Rahmenbedingungen dafür stimmen. Das beginnt mit der Terminplanung. Für das Einschläfern wird möglichst eine ruhige Zeit gewählt, oft am Ende der Sprechstunde oder um die Mittagszeit. Die Mitarbeitenden sind darüber informiert, dass eine Besitzerin mit ihrem Tier zur Euthanasie kommt. Sie werden versuchen, sie nicht mit anderen Wartenden zu konfrontieren, sondern sie in einen separaten Bereich oder direkt in den Behandlungsraum zu führen. Immer mehr Praxen haben eigene, für die Euthanasie eingerichtete Abschiedsräume, die möglichst wohnlich eingerichtet sind und nicht an einen sterilen Behandlungsraum erinnern. Es gibt dort zum Beispiel keine Behandlungstische aus Metall, oft steht sogar ein Sofa oder Sessel darin. Aber selbst wenn in einer Praxis die Räume für Behandlung und Euthanasie nicht getrennt sind, tragen eine Decke oder ein Kissen auf dem Behandlungstisch, eine gedämpfte Beleuchtung und eventuell (LED-)Kerzen oder Aromalampen auch in einem normalen Behandlungsraum zu einer intimen Atmosphäre bei.

> **MEIN RAT**
> Formalitäten wie das Bezahlen, die Beauftragung von Tierkrematorien, das Ausstellen von Euthanasiebescheinigungen für das Ordnungsamt oder die Hundehaftpflichtversicherung sollten möglichst schon bei einem früheren Termin oder spätestens zu Beginn des Euthanasietermins geklärt werden. Ist das Tier tot, steht für die Besitzerinnen anderes im Vordergrund.

Praxismitarbeitende und Tierärztinnen sorgen dafür, dass während der Euthanasie im Behandlungsraum kein Telefon klingelt. Schilder an der Tür oder Signallampen sollen Störungen verhindern. In manchen Praxen brennt im Wartezimmer oder im Anmeldebereich eine Kerze vor einem Hinweisschild. Darauf steht zum Beispiel: »Wenn diese Kerze brennt, nimmt gerade eine Familie Abschied von ihrem geliebten Tier. Wir danken für Ihre Rücksichtnahme und Ihr Verständnis.« Damit signalisiert die Praxis anderen Wartenden zugleich den

Grund für etwaige Verzögerungen und möchte es den Trauernden leichter machen, wenn sie nach der Euthanasie noch einmal durch den Wartebereich gehen müssen. Manche Tierarztpraxen haben einen separaten Ausgang für Tierbesitzerinnen nach der Euthanasie.

Aus der Praxis

Murrli hat eine tödliche Virusinfektion und soll in der Praxis eingeschläfert werden. Ihre Besitzerin, Frau Lage, hat sich gegen einen Hausbesuch entschieden. Drei weitere Katzen wohnen bei der jungen Frau, und sie möchte durch den Besuch der Tierärztin keinen Stress in die Katzen-WG bringen. Wir vereinbaren einen Termin in der Praxis, Freitagabend nach Ende der Sprechstunde. Für solche Fälle richtet meine Mitarbeiterin immer unseren Besprechungsraum her. Er ist mit Buchenholzregalen wohnlicher als die Behandlungsräume. Eine bequem gepolsterte Liege, wie viele sie von der Massage kennen, ersetzt den Behandlungstisch. Frau Lage möchte, dass ihre Freundinnen sie und Murrli auf dem schweren Gang begleiten. Ich vereinbare mit ihr, dass ich Murrli zuerst nur in ihrem Beisein eine Spritze gebe, um die Katze möglichst wenig zu stressen. Als sie dann schläft, dürfen die Begleiterinnen mit in den Raum kommen, um gemeinsam Abschied zu nehmen. Murrli bekommt den Venenzugang, dann legen wir sie in ihr Körbchen. Frau Lage hat auch Murrlis Lieblingsdecke und ein Kissen mitgebracht. Meine Mitarbeiterin dimmt das Licht, und wir lassen die vier

Menschen mit der schlafenden Katze allein. Von draußen hören wir leise Gespräche, eine Frau summt eine Melodie. Nach einer Weile verabreiche ich Murrli das Pentobarbital, sie stirbt innerhalb weniger Sekunden. Frau Lages Freunde nehmen die Besitzerin in den Arm und bleiben mit ihr an Murrlis Seite. Schließlich tragen sie das tote Tier gemeinsam zum Auto. Am nächsten Tag wollen sie die Katze zum Tierkrematorium bringen, um sie einäschern zu lassen.

NICHT ZU HAUSE, NICHT IN DER PRAXIS

Viele Hunde fahren gern Auto und sind es gewohnt, im Kofferraum zu sitzen. Sie akzeptieren das Auto als ihre »Höhle« und fühlen sich darin wohl. Wenn kein Hausbesuch möglich ist – akuter Notfall, keine mobile Tierärztin erreichbar, kein Hausbesuchstermin frei –, der Hund in der Praxis aber sehr ängstlich, ist das Einschläfern im Auto eine Alternative. Dies gilt insbesondere für große Hunde, die nicht mehr eigenständig laufen und nur mühsam vom Auto in die Praxis gebracht werden können. Zu bedenken ist dabei: Gibt es gute Parkmöglichkeiten direkt an der Praxis? Lässt sich ein ungestörter Ort finden, der vor neugierigen Blicken geschützt ist? Auch das Wetter spielt eine Rolle: Im Sommer kann es im Auto zu heiß sein, bei Regen und Kälte sind die Arbeitsbedingungen für die Tierärztin am offenen Kofferraum ungünstig. Für Katzen ist diese Möglichkeit ohnehin nicht in Betracht zu ziehen, sie sollten immer in einen geschlossenen Raum gebracht werden. Zu groß ist die Gefahr, dass sie entwischen.

MEIN RAT

Auch wenn Sie einen Hausbesuch zur Euthanasie Ihres Haustiers wünschen: Fixieren Sie sich nicht darauf. Nachts oder am Wochenende, bei einem Unfall oder einer akuten Verschlechterung – es kann sein, dass Sie letztlich doch mit Ihrem Hund oder Ihrer Katze in die Praxis oder Tierklinik kommen müssen. Auch kann die Tierärztin plötzlich verhindert sein, sodass sie den vereinbarten Termin für den Hausbesuch nicht einhalten kann. Wird Ihr Tier also entgegen Ihren Plänen doch in der Tierarztpraxis euthanasiert, wird das Praxisteam sich bemühen, dass dies genauso würdevoll und in Ruhe geschieht wie zu Hause.

»Kann ich dabeibleiben?« – Wie Abschied nehmen?

GEFÜHLE UNMITTELBAR VOR, WÄHREND ODER NACH DEM EINSCHLÄFERN

Erfahrene Tierärztinnen und Praxismitarbeiterinnen haben ungezählte Euthanasien erlebt und durchgeführt, geplante und ungeplante. Sie kennen die Bandbreite der Gefühlsäußerungen von Menschen kurz vor, während oder nach dem Einschläfern ihres Haustiers. Tierbesitzer meinen oft, sich bei uns entschuldigen zu müssen, weil sie weinen, wenn ihr Hund oder ihre Katze, Kaninchen oder Hamster eingeschläfert werden muss. Entschuldigen wofür? Wer in einer Tierarztpraxis arbeitet, hat dafür Verständnis und fühlt mit – so sollte es zumindest sein. Alle Praxen haben in den Behandlungsräumen Papiertaschentücher für die Kunden – und manchmal brauchen auch die Mitarbeitenden welche. Und ich habe schon so manchen in den Arm genommen, nachdem sein Tier von mir eingeschläfert worden war – wenn es passte. Andere Tierhalter wiederum meinen, sich rechtfertigen zu müssen, wenn sie eben nicht weinen, sondern sogar erleichtert sind, dass ihr Tier sterben durfte. Auch da bedarf es keiner Erklärungen. Die Gefühle und

Reaktionen von Besitzern sind sehr verschieden, oft mischen sie sich, gehen ineinander über. Auch die Umstände einer Euthanasie – ein plötzliches Geschehen oder ein sich schon länger anbahnender Prozess – beeinflussen den Gemütszustand und die Gedanken der Tierhalterinnen rund um das Einschläfern ihres Tiers.

Wer sich mit den Themen Sterben und Trauer beschäftigt, dem sind die »Fünf Phasen des Sterbens« vertraut. Die Sterbeforscherin und Psychiaterin Elisabeth Kübler-Ross beschreibt damit verschiedene Stadien, die Menschen typischerweise durchleben, wenn sie selbst erfahren, dass sie in Bälde sterben werden, zum Beispiel nach einer Krebsdiagnose.

Eine erste Phase ist die »Hoffnung auf Irrtum«, die Phase des Nichtwahrhabenwollens oder Leugnens. Danach folgt die »Frage nach dem Warum«, auch als Phase des Zorns oder der Wut bezeichnet. Der »Wunsch nach Aufschub«, also die Phase, in der Sterbende meinen, sie könnten mit Gott oder dem Schicksal oder wem auch immer verhandeln, geht über in die Phase der »Trauer um vergebene Chancen«, auch Phase der Depression genannt. In der letzten Phase, derjenigen der Akzeptanz, beschreibt Kübler-Ross, dass die Sterbenden sich von ihrer Umwelt abkoppeln und sich ganz auf ihr Schicksal einlassen.

Kübler-Ross' bekannte Theorie wird auch »Trauerphasen-Modell« genannt, weil Phasen, die Sterbende durchlaufen, eng mit den Trauerphasen derer verknüpft sind, die sie begleiten und nach ihrem Tod zurückbleiben. Sie lässt sich durchaus auch anwenden auf Stadien der Trauer um ein geliebtes Haustier. Die Trauerphasen nach Kübler-Ross sind jedoch nur eine Annäherung an den komplexen Prozess des Sterbens beziehungsweise Trauerns. Nicht jeder, der um sein Tier trauert, durchläuft alle Phasen. Auch die Reihenfolge kann verschieden sein. Um solche typischen Phasen zu wissen, hilft aber den betroffenen Tierhaltern sowie Tierärztinnen und anderen Menschen im Umfeld der Trauernden, ihr Verhalten besser zu verstehen. Das gilt vor allem für die Zeit unmittelbar vor, während und nach dem Einschläfern.

Menschen reagieren verschieden, manchmal auch scheinbar paradox auf den Tod ihres Tiers. Es gibt im Kontext einer Tiereuthanasie aber auch Reaktionen, die viele Tierbesitzerinnen teilen:

Da kann zuerst einmal der Zweifel an der Diagnose sein. »Sind Sie sich ganz sicher?« – »Das kann nicht sein, gestern war doch noch alles okay.« – »Kann das nicht doch was anderes sein?« Manche Menschen fangen in ihrer Verzweiflung auch an, Tatsachen und gesicherte Diagnosen auszublenden. »Es geht noch gut.« – »Bestimmt ist es gar nicht so schlimm.« – »Ich nehme ihn erst mal wieder mit, das wird schon wieder.« Gerade bei plötzlich auftretenden schweren Krankheiten und in anderen Fällen, wo eine schnelle Entscheidung Not tut, klammern sich viele Tierhalterinnen an die Möglichkeit, dass alles ein Irrtum sei.

Manche Tierbesitzer wollen ihr Tier auf keinen Fall aufgeben. »Meine Katze schafft das.« – »Da muss es doch noch andere Möglichkeiten geben.« Alle nur erdenklichen therapeutischen Möglichkeiten sollen auf jeden Fall genutzt werden. Sie suchen im Internet nach Berichten, nach denen Tiere trotz einer infausten Prognose überlebt haben. Sie wollen kämpfen. Manche beharren auf einer Operation, auch wenn Tierärztinnen ihnen davon abraten. Wieder andere greifen in ihrer Not auf obskure, nicht wirksame »Heilmethoden« für ihr Tier zurück. Das Leiden ihres Tiers wird dadurch aber verlängert, im schlimmsten Fall noch gesteigert, wenn zum Beispiel wirksame Schmerzmedikamente durch in diesem Fall nicht ausreichend wirkende Mittel, etwa homöopathische Globuli, ersetzt werden.

Immer mal sind Tierhalterinnen, deren Tiere euthanasiert werden (müssen), wütend, sowohl auf sich selbst als auch auf andere. Dies äußert sich auch gegenüber den Tierärztinnen oder anderen Praxismitarbeitenden: »Warum haben Sie das nicht früher festgestellt?« – »Sie wollen uns ja gar nicht helfen.« – »Sie geben mein Tier auf.« Auch hegen sie Groll gegen das Schicksal: »Warum ausgerechnet mein Hund?« Ist ein Tier weggelaufen und infolgedessen verunfallt, kann die Wut auch das geliebte Tier treffen. »Warum musste die verrückte Katze auch immer über die Straße laufen?«

Manche Menschen fühlen sich schuldig. »Wäre ich eher gekommen, hätten wir ihn vielleicht noch retten können.« – »Ich kann ihn doch jetzt nicht umbringen.« – »Hätte ich dies und das (nicht) getan, dann wäre sie nicht so krank geworden.«

Viele Tierhalterinnen sind schlicht verzweifelt. Die Situation trifft sie mit voller Wucht. »Ich kann mir ein Leben ohne ihn nicht vorstellen.« – »Es zerreißt mich.« – »Das tut so weh.«

Es gibt aber auch Tierbesitzer, die sehr pragmatisch sind. Und die meisten akzeptieren schließlich die Situation. »Sie ist alt und hat ein langes Leben gehabt. Jetzt soll sie sich nicht quälen, das hat sie nicht verdient.« – »Wir haben ja damit gerechnet, dass es bald so weit ist.« – »Es ist das Beste für ihn.« Dass sie trotzdem traurig sind, steht außer Frage.

Direkt nach der Euthanasie sind Besitzerinnen häufig auch erleichtert: »Ich hatte solche Angst vor dem Augenblick. Jetzt bin ich froh, dass er vorbei ist.« – »Er ist so friedlich eingeschlafen.«

Diese Stimmen zeigen beispielhaft, wie groß die Spannweite an Emotionen ist. Sie alle gehören zur Trauer um ein Tier.

BEI DER EUTHANASIE DABEIBLEIBEN – JA ODER NEIN?

Die Entscheidung zum Einschläfern des geliebten Tiers ist gefallen. Nun rückt der Zeitpunkt des Abschiednehmens näher. Und damit die Frage: Soll ich bis zum Ende dabeibleiben? Möchte ich miterleben, wie mein Tier stirbt?

Für die meisten Tierbesitzerinnen stellt sich diese

Frage nicht. Ihnen ist es ein großes Anliegen, ihrem Tier bis zum letzten Atemzug nah zu sein und sein Sterben zu begleiten. Beim Hausbesuch ist das immer der Fall, aber auch in der Praxis sind die Tierhalter bei der Euthanasie zumeist anwesend. Ist es ihr erstes Mal, fragen Tierbesitzer manchmal, ob sie ihr Tier überhaupt begleiten dürfen. Ich kenne keine Tierärztin, die es ihren Kunden je verweigert hätte, beim Einschläfern ihres Tiers dabei zu sein. Selbst während der Coronapandemie mit ihren strengen Auflagen haben wir das Tierhalterinnen immer ermöglicht. Es ist oft das Beste für einen Hund, für eine Katze, wenn sie in Gegenwart ihres Menschen einschlafen können. Und der Tierbesitzer erlebt mit, wie sein vorher vielleicht ängstliches, unruhiges, schmerzgeplagtes Tier sich entspannt, ohne Kampf einfach aufhört zu atmen und friedlich einschläft.

WENN JEMAND NICHT DABEIBLEIBEN MÖCHTE

Dass ein Tierhalter sein Tier zum Einschläfern in der Praxis abgibt und geht, geschieht selten. Doch es kommt vor. Manche Menschen bringen es einfach nicht über sich, zur Euthanasie dazubleiben. Vielleicht haben sie traumatische Erlebnisse beim Tod eines Tiers gehabt, schlechte Erfahrungen bei früheren Tiereuthanasien gemacht. Es kann sein, dass vor Kurzem ein Angehöriger oder eine Freundin gestorben ist und sie sich emotional nicht in der Lage sehen, das Sterben so hautnah zu erleben. Auch kann ein Tierhalter schlicht eine sehr nüchterne Haltung zu seinem Hund oder seiner Katze haben: Das Sterben gehört für ihn zum Leben dazu, und er hält es deshalb nicht für nötig, beim Einschläfern dabei zu sein. Wieder andere möchten ihre Gefühle nicht zeigen und verabschieden sich deshalb schon vor der Euthanasie vom Tier. Das alles kann sein, und es ist in Ordnung.

Aus der Praxis

Zorro soll nicht länger leiden. Der alte Kater schleppt sich nur noch mühsam durch die Wohnung, frisst und trinkt nicht mehr. Arthrose, Niereninsuffizienz im Endstadium und beginnende Demenz: Mit fast achtzehn Jahren soll Zorro jetzt eingeschläfert werden. »Ich will aber nicht dabei sein«, das steht für Zorros Besitzer fest. Herr Schweiger sagt das mit so festem Ton, dass ich gar nicht erst versuche, dagegenzuargumentieren. Am vereinbarten Termin kommt Herr Schweiger in die Praxis. Scheinbar ungerührt übergibt er meiner Mitarbeiterin den Katzenkorb. »Möchten Sie warten und Zorro wieder mitnehmen?«, fragt sie. »Nein. Er soll hierbleiben. Den Korb können Sie auch behalten. Vielleicht kann jemand ihn noch gebrauchen. Ich gehe jetzt. Mach's gut, Zorro!« Herr Schweiger bezahlt im Voraus. Dann verlässt er die Praxis. Wir nehmen Zorro mit in den Behandlungsraum und schläfern ihn ein. Herr Schweiger hatte darum gebeten, dass Zorro eingeäschert wird. Wir sollten das in die Wege leiten und den Tierkörper so lange bei uns aufbewahren, bis die Mitarbeiter vom Tierkrematorium ihn abholen. Während wir noch die Formalitäten dafür erledigen, kommt unsere Auszubildende aus der Mittagspause zurück. Auf dem Parkplatz hat sie Herrn Schweiger hinterm Steuer seines Autos sitzen gesehen. Er weinte hemmungslos.

Scheut sich eine Tierbesitzerin, ihr Tier beim Einschläfern zu begleiten, möchte es aber nicht allein lassen, gibt es Mittelwege. Sie kann eine andere Person bitten, das Tier bei der Euthanasie zu begleiten. Das kann jemand aus der Familie sein, eine Freundin, der Nachbar, die dem Tier vertraute Hundesitterin oder Hundetrainerin. Jemand, der eine gute Beziehung zum Tier hat, aber emotional nicht so nah dran ist wie die Besitzerin, tut sich auf dem letzten Weg oft leichter. Zudem können Angehörige oder Freunde auch der Tierhalterin in dieser Situation zur Seite stehen.

Manche Tierhalter bleiben nur bis zur Narkose bei Hund oder Katze. Wenn das Tier dann tief schläft und bewusstlos ist, seine Umgebung also nicht mehr wahrnimmt, verlassen sie den Raum. Manche kommen nach dem eigentlichen Einschläfern wieder dazu und nehmen vom toten Tier Abschied. Für einige ist es besser, sich vom schlafenden Tier zu verabschieden, es danach aber nicht mehr zu sehen. Sie erschrecken vor dem starren Blick toter Tiere, deren Augen – wie erwähnt – geöffnet bleiben. Möchten sie das Tier dennoch mit nach Hause nehmen, können Mitarbeitende den Tierkörper dementsprechend vorbereiten. Kaninchen und Katzen werden meist in einer Transportbox in die Praxis gebracht. Die Mitarbeitenden legen das tote Tier dort wieder hinein, eventuell mit einer Decke oder einem Handtuch zugedeckt. Hunde betten sie je nach Größe in das mitgebrachte Körbchen und decken sie zu oder wickeln sie in eine Decke, die vom Tierhalter mitgebracht wurde. Es gibt auch sogenannte Eutha-Bags in verschiedenen Größen. Sie lassen sich mit einem Reißverschluss verschließen.

MEIN RAT

Wenn Sie sich nicht in der Lage fühlen, Ihr Tier auf seinem letzten Weg zu begleiten, überlegen Sie gemeinsam mit Ihrer Tierärztin, bis zu welchem Schritt sie den Sterbeprozess begleiten möchten. Es wirkt auf die meisten Tiere beruhigend, wenn ihre Menschen bei ihnen sind, bis die Narkose wirkt. Die Erfahrung zeigt, dass sie dann oft auch schneller einschlafen. Belastet es Sie jedoch sehr und haben Sie Angst, das Einschläfern Ihres Tiers emotional nicht durchzustehen, ist es besser, Sie überlassen die Betreuung dem Fachpersonal oder bitten jemanden, der Ihnen und Ihrem Tier nahesteht, es für sie zu begleiten. Besonders Hunde und Katzen haben eine feine Antenne für die Stimmungen ihrer Menschen, sodass sich deren Angst und Unruhe auch auf das Tier übertragen können.

Kunden einer Tierarztpraxis ist es normalerweise nicht erlaubt, den sterilen OP-Bereich zu betreten. Gerade in größeren Praxen oder Kliniken werden dort zudem oft mehrere Operationen parallel durchgeführt. Wird das Tier in Absprache und mit Erlaubnis der Besitzer noch im OP eingeschläfert, geschieht dies daher in Abwesenheit der Tierhalterinnen. Ein Beispiel: Ein Tumor lässt sich entgegen der Voraussage nicht entfernen, Gewebe oder ein Organ ist so zerstört, dass ein Weiterleben für das Tier nicht möglich ist. Die Operation wird nicht weitergeführt, sondern das Leben des Tiers auf dem Tisch beendet. Wünschen sich die Tierhalter trotzdem, ihr Tier noch einmal zu sehen, bevor es stirbt, kann das narkotisierte Tier nach Absprache aus dem OP in einen anderen, für Besucher zugänglichen Raum gebracht werden. Immer geht das allerdings nicht.

Und auch andere Umstände können Tierhalter oder Familienmitglieder daran hindern, ihr Tier beim Sterben zu begleiten:

Aus der Praxis

Anton kann nicht mehr laufen. Der Rauhaardackel hatte plötzlich aufgejault, zeigte starke Schmerzen und kam hinten nicht mehr hoch, seine Hinterbeine waren komplett gelähmt. Ein Bandscheibenvorfall, auch bekannt als »Dackellähme«.

Es ist bei Anton nicht das erste Mal, er wurde deswegen schon operiert. Die Computertomografie zeigte damals hochgradige Veränderungen in mehreren Abschnitten der Wirbelsäule. Schon nach der Operation empfahl der operierende Kollege, Anton bei einem Rezidiv, einem erneuten Auftreten der Symptome, einzuschläfern. Zu schwerwiegend sei seine Erkrankung. Frau Müller hat Anton zu uns gebracht. Der Hund gehört ihrer Tochter Verena, die gerade geschäftlich in London ist. Die Mutter fühlt sich überfordert. »Können wir mit einer Entscheidung nicht noch warten, bis Verena zurück ist?« Doch Anton leidet. Zu warten wäre Quälerei für ihn. Frau Müller ruft aus der Praxis ihre Tochter an und informiert sie. »Verena, Anton muss eingeschläfert werden.« Die Tochter ist schockiert. Sie würde am liebsten sofort kommen, aber das geht nicht. »Mama, kannst du auf Videotelefonat umschalten? Ich möchte dabei sein.« Meine Mitarbeiterin übernimmt Frau Müllers Handy. Sie lässt Verena den Hund sehen und alles, was wir tun. Die junge Frau am anderen Ende spricht kaum, damit ihr Hund durch die Stimme aus dem Off nicht irritiert wird. Doch sie kann aus der Entfernung wenigstens miterleben, dass Anton keine Schmerzen hat und ruhig einschläft.

MEIN RAT

Müssen Sie geschäftlich oder privat verreisen und lassen Ihr krankes oder altes Tier zeitweise bei Verwandten oder Freunden, geben Sie ihnen die Kontaktdaten Ihrer Tierärztin. Sind Hund, Katze,

Kaninchen oder Meerschweinchen aktuell in Behandlung, ist es sinnvoll, auch Ihre Tierarztpraxis über Ihre Abwesenheit zu informieren. Besprechen Sie mit den Betreuenden, was im Worst Case zu tun ist. Sollen diese allein über eine möglicherweise nötige Euthanasie entscheiden dürfen? Sehen sie sich in der Lage, dann beim Tier zu bleiben? Muss für jeden (Behandlungs-)Schritt mit Ihnen Rücksprache gehalten werden? Was, wenn Sie telefonisch nicht zu erreichen sind? Kein Netz, Zeitverschiebung, Akku leer – all das kann vorkommen, und es soll möglichst für alle von vornherein klar sein, was Sie für Ihr Tier wünschen.

WENN DAS TIER IN DER KLINIK IST

Hunde oder Katzen mit schwerwiegenden Erkrankungen müssen häufig stationär aufgenommen werden, oft über mehrere Tage. Besitzer erhalten jederzeit Auskunft über das Befinden ihres Tiers und können es zu bestimmten Zeiten auch besuchen. Wenn sich während des Aufenthalts eine unheilbare Krankheit herausstellt, wenn Komplikationen auftreten oder sich der Zustand des Tiers massiv verschlechtert, informieren die Tierärztinnen die Tierhalter: Das Tier leidet, es sollte eingeschläfert werden. Manchmal wohnen die Besitzer solcher Patienten aber mehrere Autostunden entfernt. Kann man dann auf sie warten?

Den Besitzern sollte, wenn sie es möchten und es irgendwie geht, immer ermöglicht werden, sich noch vom lebenden Tier zu verabschieden. Wenn aber Eile geboten ist, das Tier sich schon im Sterbeprozess befindet und sein Todeskampf verkürzt werden muss, sollte es auch ohne Anwesenheit der Tierhalter eingeschläfert werden. Ein kleiner Trost für die Tierbesitzer, wenn sie nicht dabei sein können: Stationäre Patienten, besonders Intensivpatienten, haben in der Regel einen Venenkatheter, oft bekommen sie Infusionen. Sie werden täglich von den Tierärztinnen und Tiermedizinischen Fachangestellten versorgt, ohne dass die Besitzer dabei sind. Wenn diese Tiere nun statt anderer Medikamente eine Narkose und anschließend das Euthanasiepräparat über die Vene verabreicht bekommen, ist das für sie nicht zusätzlich ängstigend oder stressend. Sie schlafen einfach ein, ohne wieder aufzuwachen.

ABSCHIED VOM TOTEN TIER

Das Tier hat aufgehört zu atmen, das Herz steht still. Nachdem die Tierärztin seinen Tod bestätigt hat, nehmen viele Tierhalterinnen Abschied. In der Praxis können sie im Euthanasie- oder Behandlungsraum in der Regel noch Zeit mit dem toten Tier verbringen. Manchen ist es ein Bedürfnis, ihr Tier zu streicheln und zu ihm zu sprechen. Sie bedanken sich beim Hund oder bei der Katze für die gemeinsame Zeit, öffnen das Fenster, »um die

Tierseele hinauszulassen«. Oder sitzen einfach noch eine Zeit lang an der Seite des toten Weggefährten. Andere möchten nach dem Einschläfern möglichst nicht mehr mit dem toten Tier in Berührung kommen. Sie wollen es lebendig in Erinnerung haben und ertragen den Anblick des toten Körpers nicht.

Für manche Tierbesitzer endet die Begleitung ihres Tiers nicht mit dem Einschläfern. Sie nehmen es mit nach Hause, um es dort noch einmal aufzubahren, bevor sie es im Garten beerdigen. Oder sie bringen es persönlich zum Tierbestatter oder Tierkrematorium. Sie brauchen diese Zeit, um sich zu verabschieden, möchten ihr totes Tier bei sich haben, bis sein Leichnam in der Erde liegt oder sie es eingeäschert wieder mit nach Hause nehmen.

Tierkrematorien haben für Tierhalterinnen, die bei der Kremierung ihres Tiers dabei sein möchten, einen Raum zum Abschiednehmen. Der Tierkörper wird von den Mitarbeiterinnen des Tierbestattungsunternehmens in einem Körbchen aufgebahrt, ganz nach den Wünschen der Tierbesitzer und ihrer Familien. Es kann sogar eine kleine Trauerfeier stattfinden, mit Musik oder Texten. Die Tierhalter warten anschließend darauf, dass sie die Asche ihres Hunds, ihrer Katze oder eines anderen Haustiers in Empfang nehmen können. So gibt es an einigen Tierkrematorien zum Gelände gehörende parkähnliche Anlagen und eigens dafür eingerichtete Räume, in denen die Kunden verweilen können. Sie haben auch die Gelegenheit, während des Wartens ihre Gedanken und Wünsche zum verstorbenen Tier in ein Kondolenzbuch einzutragen – ein Abschiedsbuch der besonderen Art.

NEHMEN TIERE AUCH ABSCHIED VOM ARTGENOSSEN?

Nicht selten gehören zu einem Haushalt mehrere Tiere. Muss eines von ihnen eingeschläfert werden, fragen die Besitzer oft, wie es dem anderen Tier damit geht. Sollten Hunde und Katzen zum Beispiel dabei sein, wenn ihr Partnertier eingeschläfert wird? Oder sich vom toten Artgenossen verabschieden, ihn noch einmal sehen, riechen, berühren können? Das hängt von der Tierart und dem Individuum ab – und meines Erachtens auch stark von der seelischen Verfassung der Tierhalter.

HUNDE

Wie schon im Kapitel über Hausbesuche angemerkt, erleben Hunde jeden Besuch eines Menschen, zumal der aus der Vergangenheit vielleicht nicht sonderlich geschätzten Tierärztin, als Eindringen in ihr Revier. Deshalb kann schon allein deren Besuch in den eigenen vier Wänden Nervosität auslösen. Das gilt natürlich nicht nur für den Hund, der eingeschläfert werden soll, sondern auch für weitere im Haushalt lebende Hunde. Befindet sich dann noch »ihr« Mensch, sonst Leitfigur und Fixpunkt im Hundeleben, in einer psychischen Ausnahmesituation – weil die Euthanasie eines der Tiere bevorsteht –, kann das puren Stress bedeuten. Genauso ist es in der Praxis. Ist der Besitzer voll Sorge, Trauer, vielleicht sogar Angst, überträgt sich das auf einen Begleithund. Aber es gibt auch gegenteilige Erfahrungen: Eine ruhige, besonnene Besitzerin, die mit sich und der Situation des Einschläferns im Reinen ist, kann einem weiteren Tier das Gefühl vermitteln, dass es sich nicht ängstigen muss. Dann wiederum kann die Anwesenheit dieses Hunds eine beruhigende und stärkende Wirkung auf die Besitzerin haben. Er kann die Situation für sie erträglicher machen. Aber auch hier gilt: Es ist der Mensch, nicht der Partnerhund, der trauert oder getröstet wird.

Aus der Praxis

Die 13 Jahre alte Labradorhündin Emma leidet unter Diabetes, der sich trotz intensiver Bemühungen nicht therapeutisch einstellen lässt. Frau Pohlmann, ihre Besitzerin, ist eine erfahrene Hundehalterin und bereit, für ihre drei Hunde alles zu tun. Aber Emma geht es nun so schlecht, dass sie eingeschläfert werden muss. Frau Pohlmann möchte die beiden anderen Hunde, Franzi und Joschka, dabeihaben. Mit allen dreien kommt sie zum verabredeten Termin. Als Emma leicht sediert ist und der Venenkatheter liegt, setzt Frau Pohlmann sich mit ihr auf den Boden, die mitgebrachte Decke unter sich. Joschka, ein Mischling aus dem Tierschutz, hat mich und meine Mitarbeiterin erst vorsichtig begrüßt. Jetzt liegt er neben der Tür und scheint darauf zu warten, dass es nach Hause geht. Er ist wie immer eher distanziert. Die Praxis mag er nicht besonders. Franzi ist ein vier Jahre alter Pudelmischling, lebhaft und sehr menschenbezogen. Sie versucht immer wieder, Aufmerksamkeit zu bekommen. Schließlich hockt sie sich direkt neben Emma und Frau Pohlmann auf die Decke. Sie drängt sich an sie, leckt ihr ein paar Mal über die Hand, als wollte sie sie trösten. Dass ich etwas an Emmas Bein mache, scheint sie spannend zu finden, sie stupst mich an, sodass Frau Pohlmann sie zurückhalten muss. Als Emma tot ist, verlasse ich den Raum. Nach einer Weile sehe ich nach. Frau Pohlmann hat die tote Hündin auf die Decke gelegt und sitzt daneben. Bei ihr liegen Franzi und Joschka, eng an sie gekuschelt, als wollten sie sie trösten.

KATZEN

Dass Katzen mit in die Tierarztpraxis gebracht werden, um bei der Euthanasie ihres Artgenossen dabei zu sein, habe ich noch nicht erlebt. Es kommt aber wohl vor. Da für alle Katzen, auch für die ruhigsten, der Transport zur und der Aufenthalt in der Tierarztpraxis Stress bedeutet, rate ich dringend davon ab. Auch wenn das Einschläfern im Rahmen eines Hausbesuchs stattfindet, ziehen sich weitere im Haus lebende Katzen in der Regel zurück, schon allein, weil jemand in ihr Revier eindringt. Die allerwenigsten Katzen freuen sich über Besuch von

Fremden, schon gar nicht, wenn diese nach Tierärztin riechen. Falls sie im selben Raum sind, ignorieren sie am ehesten das Geschehen.

ABSCHIED VOM TIERISCHEN ARTGENOSSEN

Tierhalterinnen berichten immer mal wieder davon, dass sie erlebt hätten, wie sich Hunde, Katzen oder Kaninchen von toten Partnertieren »verabschiedeten«. Wissenschaftlich belegt ist so ein Verhalten nicht. Es ist vielmehr ein subjektiv menschliches Empfinden. Tiere haben kein Verständnis vom Tod. Das Sterben an sich ist für sie nicht angstbesetzt, sie assoziieren damit keinen Verlust. Dass Tiere sich offensichtlich um tote Artgenossen versammeln, ist nur bei Primaten, Walen, Rabenvögeln und Elefanten beschrieben. Forschende führen das auf komplexe soziale Gefüge bei diesen Tieren zurück. Hunde, Katzen und kleine Heimtiere ignorieren tote Artgenossen hingegen häufig. Keine Studie belegt, dass Tiere nochmal am toten Artgenossen schnuppern müssten oder eine Verabschiedung bräuchten, um »Abschied zu nehmen«. Man muss eine eventuelle Kontaktaufnahme aber auch nicht unterbinden. Schnuppern Tiere an der Leiche, berühren oder belecken sie sie, sollte man sie lassen. Es geht von dem zur Euthanasie verabreichten Pentobarbital keine Gefahr für ein anderes Tier – und den Menschen – aus, auch nicht durch Kontakt mit eventuell austretenden Körperflüssigkeiten. Aber, um »Unfälle« zu vermeiden, hier der Hinweis: Auf gar keinen Fall darf ein anderes Tier (etwa ein Hund) ein mit Pentobarbital getötetes Tier (zum Beispiel ein Meerschweinchen) fressen. In so einem Fall bestünde Lebensgefahr.

Reagieren Artgenossen ängstlich und meiden den toten Körper, irritiert das viele Besitzer. Sie haben das Verhältnis ihrer Tiere zueinander oft als sehr innig wahrgenommen. »Wenn einer fehlt, ist das für den anderen schlimm.« Das mag so sein. Hier ist aber zu differenzieren zwischen der direkten Konfrontation mit dem toten Tier und dem, was wir später als »Trauer« bei übrig gebliebenen Partnertieren erleben. Auf solche Wahrnehmungen und wie man mit trauernden Tieren umgehen sollte, komme ich im letzten Kapitel noch zu sprechen.

»Schläft Findus jetzt?« – Wenn Kinder dabei sein möchten

KINDER UND TIERE – EINE BESONDERE VERBINDUNG

In Umfragen, was Kinder sich am meisten wünschen, steht bei den Sechs- bis Zehnjährigen ein eigenes Haustier an erster Stelle. Hund, Katze, aber auch Kaninchen oder Hamster können für Kinder Spielkamerad, Freund, Zuhörer und sogar Therapeut sein. Der in vielen Studien nachgewiesene positive Einfluss von Haustieren auf die kindliche Entwicklung wird in der tiergestützten Therapie, durch den Einsatz von »Schulhunden« oder den Besuch von Tieren in Kindertagesstätten genutzt. In vielen Familien wachsen Kinder mit dem Familienhund oder dem Kater auf, der häufig schon vor ihnen da war. Ich habe schon erlebt, dass Kinder sich als »Schwester« oder »Bruder« des Hunds oder der Katze vorstellen. Sie kennen kein Leben ohne Tier. Oder aber Hund, Katze, ein Kaninchenpaar oder Meerschweinchen wurden auf Wunsch der Kinder angeschafft. Dann sehen sie diese Tiere als »ihre eigenen« und fühlen sich für sie verantwortlich.

Kinder wachsen hierzulande in der Regel nicht mehr

in einem Umfeld auf, in dem der Tod als normale Erfahrung zum Leben dazugehört. Die Großfamilie oder der Mehrgenerationenhaushalt, in dem sie mit älteren Verwandten wie den Großeltern zusammenleben und das Altwerden wie auch das Sterben als Teil des Lebens erfahren, ist in Westeuropa eher die Ausnahme. So erlebt die junge Generation den Tod eines nahestehenden Menschen häufig erst im Erwachsenenalter. Das Sterben eines geliebten Haustiers ist für Kinder also oftmals die erste bewusste Begegnung mit der Vergänglichkeit und dem Tod. Das ist eine große Herausforderung.

Muss ein zur Familie gehörendes Tier eingeschläfert werden, ist das für Kinder oft besonders schlimm. Den Tod des Tiers empfinden sie als Verlust an bedingungslosem Beistand und auch Schutz. Und Eltern fragen sich: Wie gehen wir damit um? Wie können wir unser Kind auf den Tod des tierischen Familienmitglieds vorbereiten? Und soll es bei der Euthanasie dabei sein?

Wenn Kinder sich machtlos fühlen und von den Ereignissen rund um den Tod des Tiers ausgeschlossen, kann das lange nachwirken. Umgekehrt bietet sich eine Chance: Können Kinder das Sterben ihres Haustiers begleiten, fühlen sie sich nicht ohnmächtig. Sie werden je nach ihrem Alter in die Entscheidungen eingebunden und nicht vor vollendete Tatsachen gestellt. Im besten Fall können sie erfahren, dass der Prozess des Sterbens nicht mit Angst oder Schmerz verbunden sein muss. Und sie lernen, mit Trauer und Verlust umzugehen.

Paul ist elf Jahre alt. Ein aufgeweckter Junge, der gerne Fragen stellt. Dann und wann ist er dabei, wenn sein Vater oder seine Mutter mit dem Golden Retriever Beppo zu mir in die Praxis kommt. Als Paul auf die Welt kam, war Beppo ein Welpe. Sie sind also zusammen aufgewachsen. Der Hund sei sein bester Freund, sagt er mir einmal. Nun muss Beppo eingeschläfert werden. Er hat ein malignes Lymphom, eine besonders bösartige Form von Lymphdrüsenkrebs. Pauls Eltern haben sich gegen eine Chemotherapie entschieden, die Beppos Leben höchstens um ein paar Monate verlängern könnte. Sie fragen mich, ob Paul bei der Euthanasie dabei sein sollte. Sie selbst sind eher skeptisch, haben Angst, dass Paul durch die Euthanasie traumatisiert werden könnte. »Ich kann Ihnen versprechen, dass Beppo ganz ruhig einschlafen wird. So gesehen, kann Paul gern dabei sein. Aber will er das selbst überhaupt?« Ja, das habe er gesagt. Wir vereinbaren, dass Paul zum nächsten Kontrolltermin mit seinen Eltern und Beppo mitkommen soll. Noch geht es dem Hund einigermaßen gut, der Rüde frisst und trinkt, ist zwar sehr schlapp, hat aber keine Schmerzen. Er bekommt hochdosiert Kortison, um die Krankheit noch ein kleines bisschen aufzuhalten. Vielleicht hat Beppo noch drei Wochen zu leben, vielleicht aber auch nur eine – das kann schnell gehen. Nachdem ich den Hund untersucht habe, möchte Paul wissen, warum man Beppo nicht operieren kann. Ich erkläre ihm, dass das Lymphom nicht nur ein Organ befällt, sondern die Krebszellen im ganzen Körper wuchern. »Wäre es ein einziger Tumor, zum

Beispiel in der Haut oder in der Milz, dann könnten wir eine Operation versuchen. Aber dieser Krebs lässt sich nicht wegoperieren.« Ich zeige Paul alle Lymphknoten, die bei Beppo verdickt sind und sich sehr fest anfühlen. »Solche Knoten gibt es im ganzen Körper, und alle sind vom Krebs befallen. Bald werden sie so groß sein, dass Beppo nicht mehr schlucken kann und nur noch schwer Luft kriegt. Und deshalb sollten wir ihn sterben lassen. Denn verhungern und ersticken – das ist schlimm.« Keine zehn Tage später ist es so weit, die Familie kommt zur Euthanasie in die Praxis. Paul ist dabei. Während ich den Venenzugang lege, streichelt Paul Beppos Kopf und redet mit ihm. »Du brauchst keine Angst zu haben, es ist wie einschlafen. Und im Hundehimmel kannst du wieder schlucken und Luft kriegen.« Als Beppo in Narkose liegt, lasse ich den Jungen die Hand auf den Brustkorb seines Hunds legen. »Siehst du, wie Beppo atmet? Und kannst du fühlen, wie sein Herz schlägt?« Paul nickt. »Ich gebe ihm jetzt eine zweite Spritze. Danach hört er auf zu atmen. Das kannst du sehen. Und wenn du die Hand auf seinem Brustkorb liegen lässt, kannst du spüren, wie sein Herz immer weniger schlägt. Wenn es aufgehört hat zu schlagen, ist Beppo gestorben.« Paul ist ganz auf Beppo konzentriert. Er beobachtet genau, was ich tue, und fühlt den Herzschlag seines Hunds, bis dieser tot ist.

WAS KINDER VOM TOD VERSTEHEN

Kinder entwickeln erst im Laufe ihrer geistigen Entwicklung ein Verständnis für den Tod und seine Auswirkungen. Deshalb ist es wichtig, nur so viel zu erklären, wie sie auch erfassen können. Da selbst Kinder im gleichen Alter oft unterschiedlich reif sind, vermeiden Fachleute allgemeingültige Altersangaben. Damit Kinder den Tod realistisch einschätzen können, müssen sie drei Dinge begreifen: Der Tod ist endgültig, unumkehrbar. Alle Lebewesen müssen sterben, auch Menschen. Und: Mit dem Tod enden alle körperlichen und geistigen Funktionen.

Niemand, der gestorben ist, wird wieder lebendig. Zu dieser Erkenntnis gelangen Kinder schon relativ früh, etwa im Kindergartenalter. Sie erforschen tote Insekten, Vögel oder andere kleine Lebewesen wie Mäuse im Garten oder Park. Dieses Interesse kann man sich zunutze machen, um Kindern im Vorschulalter den Tod zu erklären.

Die Universalität des Sterbens begreifen Kinder in der Regel ab dem Grundschulalter. Sie schließen aber vorerst für sie bedeutsame Bindungspersonen und Kinder, auch sich selbst, davon aus. Dass auch geliebte Haustiere sterben, besonders wenn sie »immer« da waren, ist dem Kind erst einmal nicht bewusst.

Die Einsicht, dass der Tod auch mit einem Ende aller Lebensfunktionen einhergeht, entwickeln Kinder zuletzt. Atmung und Herzschlag setzen aus. Dies kann man ihnen erklären und auch zeigen. Schlussendlich begreifen sie, dass auch alle Gedanken und Gefühle, also das Bewusstsein, durch den Tod verloren gehen.

MEIN RAT

Weichen Sie kindlichen Fragen zum Tod und zum Sterben nicht aus. Wenn Kinder tote Wildtiere finden, ist das eine gute Gelegenheit, über den Tod zu sprechen. Je unbefangener Sie mit dem Thema umgehen, desto mehr trauen sich Kinder, Fragen zu stellen. Beerdigen Sie zusammen mit Ihrem Kind im Garten oder Wald gefundene tote Vögel, Mäuse oder auch Schmetterlinge, wenn es das möchte.

MIT KINDERN ÜBER DAS EINSCHLÄFERN SPRECHEN

Die meisten Euthanasien werden geplant durchgeführt. Ist der Hund, die Katze oder das Meerschweinchen alt oder schwer krank und zeichnet sich ab, dass es euthanasiert werden muss, sollte man mit Kindern darüber sprechen. Wie sehr man ins Detail geht und ob man die Kinder in Entscheidungen einbezieht, hängt vom Alter und der individuellen Reife ab.

KLEINKINDER UND KINDERGARTENKINDER

Kleinkinder haben noch kein zeitliches Empfinden. Daher sollte man mit ihnen nicht über den geplanten Tod des Tiers sprechen, sondern erst, wenn das Tier gestorben ist. Bis etwa zum fünften Lebensjahr entwickeln Kinder häufig eine Form von magischem Denken, um den Tod zu begreifen, wenn ihnen keine klaren und altersgerechten Erklärungen gegeben werden. Vielleicht erinnern Leserinnen sich an Klein-Ida, die in Astrid Lindgrens Geschichten von Michel aus Lönneberga die (betrunkenen) Hühner wieder »zum Leben erweckt«, indem sie sie berührt. Klein-Ida glaubt fest, dass sie Tote wieder lebendig machen kann. Umgekehrt suchen manche Kinder die Schuld am Tod des Tiers bei sich: »Ich habe nicht genug mit dem Hund gespielt.« – »Ich habe nicht gut auf die Katze aufgepasst.«

Auch können sie falsche Schlussfolgerungen ziehen, etwa, dass jede Krankheit unweigerlich zum Tod führt. Entgegen der verbreiteten Sorge vieler Eltern, dass Gespräche über den Tod Kinder verängstigen könnten, erleichtert es eine einfache Erklärung der Gründe und Umstände des Todes bereits kleinen Kindern, besser mit dem Verlust klarzukommen. Dabei sollten Erwachsene den Tod nicht euphemistisch umschreiben, etwa dass die Katze jetzt »ganz lange schläft«, »sehr müde ist« oder »auf eine lange Reise gegangen ist«. Kinder nehmen das wörtlich und erwarten, dass das Tier wieder aufwacht oder zurückkommt. Besser ist es zum Beispiel zu sagen: »Unser Kater war ganz schwer krank (oder sehr alt). Er ist gestorben. Das bedeutet, dass sein Körper nicht mehr funktioniert. Er wird nicht wieder lebendig.« Die Umstände des Tods müssen Kleinkindern nicht erklärt werden. Aber sie sollten das tote Tier sehen und auch berühren können, wenn sie es möchten.

Kinder im Vorschulalter kann man schon früher auf den bevorstehenden Tod eines Tiers vorbereiten. Man erklärt mit einfachen Worten, es sei so schwer krank, dass es nicht mehr gesund werden kann und sterben wird. Wenn ein Tier Schmerzen hat, leidet und deshalb zum Beispiel nicht mehr fressen oder trinken will, verstehen Kinder das. Auch dass Tiere schneller alt werden und viel früher sterben als Menschen, ist eine wichtige Botschaft. Bilderbücher sind eine große Hilfe, Kinder auf das Sterben ihres Tiers vorzubereiten oder über den Tod des Haustiers zu sprechen, gerade wenn einem selbst die richtigen Worte fehlen. Beim Vorlesen eines Buchs und beim Betrachten der Bilder können Kinder Fragen stellen. So lässt sich über die Geschichte ein Bezug zum eigenen Tier herstellen. Im Anhang dieses Buchs finden Interessierte eine Liste besonders geeigneter Bücher.

KINDER IM GRUNDSCHULALTER

Gerade Kinder im Grundschulalter haben viele Fragen. Diese sollte man beantworten, ohne mehr Informationen zu geben, als sie verarbeiten können. Typische Fragen können sein: »Tut das Sterben weh?« Mögliche Antwort:

»Normalerweise nicht, besonders wenn Tiere alt und krank sind.« – »Was passiert jetzt mit Beppo?« – »Wir können ihn in unserem Garten beerdigen.« Oder: »Sein Körper wird verbrannt. Die Asche kommt dann auf ein Blumenbeet.« Oder: »Die Asche bekommen wir dann zurück, in einem schönen Kästchen.« Je klarer die Antworten sind, desto weniger wird ein Kind sich in seiner Fantasie Dinge ausmalen, die es eventuell ängstigen.

Grundschulkindern kann man durchaus erklären, dass das Tier eine Spritze bekommt, die es erst einschlafen und dann sterben lässt. Je älter und verständiger

MEIN RAT

Kinder können nicht entscheiden, ob Hund, Katze oder Kaninchen eingeschläfert werden soll. Dies würde sie massiv überfordern. Bedenken Sie, wie schwer so eine Entscheidung schon einem Erwachsenen fällt. In alle anderen Entscheidungen bezüglich der Euthanasie sollten Sie Kinder ab etwa acht Jahren aber ruhig einbeziehen, wenn diese es möchten. Besonders wichtig ist für Kinder der Verbleib des toten Tiers. Sie können zum Beispiel den Ort für das Grab im Garten aussuchen. Soll das Tier kremiert werden, dürfen Kinder schon vorher eine Urne mit aussuchen, sie selbst bemalen oder gestalten. Oder sie basteln eine Gedenktafel für den Ort, an dem die Asche verstreut werden soll.

Kinder sind, desto stärker sollte man sie auch an Entscheidungen beteiligen. Wo soll der Hund eingeschläfert werden? Möchte das Kind dabei sein? Was soll danach mit dem Tier geschehen? Es empfiehlt sich, wenn möglich die behandelnde Tierärztin mit einzubeziehen, um eventuelle Fragen des Kinds zu beantworten.

Immer wieder kommt es vor, dass Tierbesitzer gerade kleine Heimtiere wie Kaninchen, Hamster oder Mäuse erst dann bei der Tierärztin vorstellen, wenn die Krankheit schon sehr weit fortgeschritten ist. Muss das Tier direkt eingeschläfert werden, sind Kinder vielleicht gar nicht dabei. Ich rate Eltern dann dringend, das tote Tier mit nach Hause zu nehmen. Kinder sollten sich von ihrem Tier verabschieden und es, wenn irgendwie möglich, beerdigen können. Wer keinen eigenen Garten hat, kann das vielleicht bei den Großeltern, anderen Verwandten oder Freunden tun. Auch gibt es auf manchen Tierfriedhöfen die Möglichkeit, dass Kinder ihre kleinen Heimtiere für wenig Geld anonym begraben können. Will jemand das Tier nicht mit nach Hause nehmen, sollte er ein Foto davon (in möglichst natürlicher Haltung) machen, damit das Kind realisieren kann, dass sein Tier gestorben ist.

Um die Sterblichkeit seines Haustiers zu wissen und den Tod zu akzeptieren, gehört zum Lernprozess eines Kindes.

> MEIN RAT
>
> Man sollte Kindern den Tod eines Haustiers nie verschweigen. Das Tier heimlich zu ersetzen, was manche Eltern bei kleinen Heimtieren wie Hamstern, Mäusen oder Meerschweinchen versuchen, ist ebenfalls keine gute Idee. Im schlimmsten Fall empfinden Kinder es als Vertrauensbruch, wenn sie merken, dass die Eltern sie – in noch so guter Absicht – angelogen haben. Und sie fragen sich dann umso mehr, was wohl mit ihrem Tier passiert ist.

JUGENDLICHE

Der Umgang Jugendlicher mit dem Tod ihres Haustiers kann stark variieren. Er wird beeinflusst von ihrer emotionalen Reife, ihren bisherigen Erfahrungen mit Verlusten und dem familiären Umfeld. Ich habe Teenager erlebt, die sehr gefasst waren, als sie vom bevorstehenden Tod ihres Haustiers erfahren haben. Jugendlichen kann es ebenso wie jüngeren Kindern helfen, sich vor dem Tod noch einmal besonders intensiv mit dem Haustier zu beschäftigen. Sie planen zum Beispiel Unternehmungen, die sie noch gemeinsam machen wollen, backen Hundekekse, verbringen mehr Zeit mit der Katze oder dem Kaninchen. Manche beschäftigen sich konkret mit den Möglichkeiten von Beerdigung oder Einäscherung und fertigen Erinnerungsstücke an wie Pfotenabdrücke oder Fotobücher. Andere Jugendliche wiederum sind wütend und reagieren trotzig, wollen absolut nicht akzeptieren, dass ihr Tier sterben muss. Solche Reaktionen sind sehr herausfordernd für die Eltern, aber auch für die Tierärztin. Beide müssen gegen den Willen des Heranwachsenden eine Entscheidung im Sinne des Tierwohls treffen. Jugendliche können so weit wie eben möglich in Entscheidungen über die Euthanasie eingebunden werden. Eltern sollten sich aber nicht emotional »erpressen« lassen, wenn Jugendliche einer Euthanasie des Tiers nicht zustimmen.

MEIN RAT

Machen Sie Kindern und Jugendlichen keine Vorwürfe, wenn ein Tier so krank ist, dass es eingeschläfert werden muss. Aussagen wie »Du hast dich nicht gekümmert, deswegen musste Hasi sterben«, sind tabu. Vermeiden Sie außerdem Floskeln und Relativierungen wie »Es ist doch nur ein Tier …« oder »Du hattest doch sowieso keine Zeit für …« gegenüber Heranwachsenden jeglichen Alters. Schuldzuweisungen helfen nicht weiter. Die Verantwortung für ein Tier haben immer die Erwachsenen, die Erziehungsbeauftragten, nicht das Kind.

KINDER ZUM EINSCHLÄFERN MITNEHMEN

Die Frage, ob ein Kind beim Einschläfern des Haustiers dabei sein sollte oder nicht, ist eine Entscheidung der Eltern, in die sie ihr Kind nach Möglichkeit einbeziehen sollten. Die Eltern können am ehesten einschätzen, ob ihr Kind schon reif genug ist, um die Situation zu verstehen. Wie viele Kolleginnen befürworte auch ich es grundsätzlich, wenn Kinder bei der Euthanasie dabei sind. Werden Kinder von der Sterbesituation komplett ferngehalten, obwohl sie gern dabei wären, malen sie sich möglicherweise Dinge aus, die nicht der Realität entsprechen. Oder sie fühlen sich schuldig, dass sie ihrem Tier nicht beigestanden haben. Wenn Kinder ein Tier beim Sterben begleiten, muss aber immer auch ein oder beide Elternteile oder eine andere Vertrauensperson dabei sein. Andererseits sollten sie dem Kind vorher deutlich machen, dass es auch nicht schlimm für das Tier ist, in Abwesenheit des Kinds, aber in Anwesenheit anderer fürsorglicher Personen (wie der Tierärztin) zu sterben. Kinder sollen sich nie verantwortlich oder gar schuldig fühlen müssen, wenn es um das Sterben ihres Haustiers geht, egal ob sie dabei sind oder nicht.

Herr Schneider ist mit Piet in die Praxis gekommen. Dem achtjährigen Boxerrüden ging es plötzlich schlecht, er ist kollabiert und liegt seitdem in einer Art Koma. Sein Herz rast. Nach einigen Untersuchungen steht die Diagnose fest: Piet hat einen Tumor an der Herzbasis. Die Prognose ist so schlecht, dass ich zur Euthanasie rate. Der Besitzer telefoniert mit seiner Frau, während ich Piet ein starkes Beruhigungsmittel spritze. Eine Viertelstunde später ist Frau Schneider da, sie hat ihre Tochter Ronja mitgebracht. Ronja geht in die vierte Klasse. Noch einmal erörtere ich Piets Zustand. Während die Eltern sich kurz beraten, steht Ronja neben dem Behandlungstisch und streichelt Piet. Frau Schneider erklärt ihrer Tochter, dass Piet Krebs hat, mit dem er nicht weiterleben kann. Und dass ich ihn einschläfern werde. Die Mutter nimmt das Mädchen in den Arm. Ronja möchte beim Einschläfern nicht dabeibleiben. Sie streichelt Piet noch einmal, dann gehen Mutter und Tochter hinaus. Als Piet tot ist, kommen sie zurück in den Raum. Ronja weint. »Warum muss Piet gerade heute sterben? Dabei war in der Schule so ein toller Tag!« Auf meine Nachfrage erzählt sie, dass Waldolympiade war und sie eine Medaille gewonnen hat. »Aber darüber kann ich mich jetzt gar nicht freuen.« Wir überlegen, ob Piet sich wohl mit ihr über die Medaille gefreut hätte. »Ganz bestimmt«, ist sich Ronja sicher. »Piet hat sich immer gefreut. Immer wenn ich von der Schule gekommen bin. Auch wenn ich traurig war.« Sie beschließt, für den Hund ein Bild zu malen – darauf sie selbst mit der Medaille und mit

Piet. Das Bild will sie mit in Piets Körbchen legen, wenn ihr Hund eingeäschert wird.

MEIN RAT

Auch wenn ein Kind sich erst dafür entschieden hat, bei der Euthanasie dabei zu sein, kann es seine Meinung im letzten Augenblick ändern. Dann verlassen Sie oder eine andere Vertrauensperson zusammen mit ihm den Raum. Ein Kind sollte nie gezwungen werden, bei einer Euthanasie zu bleiben, auch wenn dabei nichts Schlimmes oder Traumatisierendes passiert. Geben Sie ihm die Sicherheit: Es ist auch okay, wenn man sich vorher verabschiedet. Andere fürsorgliche Personen – wie die Tierärztin oder eine Helferin – sind bei dem Tier und kümmern sich darum, dass es friedlich stirbt.

Noch ein wichtiger Hinweis: Nicht nur das Kind trauert. Es ist natürlich, dass Eltern beim Tod des tierischen Familienmitglieds Emotionen zeigen und auch weinen. Kinder dürfen ruhig mitbekommen, dass ihre Eltern ebenso traurig sind wie sie. Wenn Vater oder Mutter aber komplett von ihren Gefühlen überwältigt werden, kann das Kinder sehr verstören. Vielleicht haben die Eltern ein innigeres Verhältnis zum Tier als das Kind, weil ihr tierischer Partner sie schon länger begleitet. Es kommt immer wieder vor, dass Erwachsene beim Einschläfern ihres Hunds, der Katze oder des Kaninchens zusammenbrechen. Wer sich nicht sicher ist, die Euthanasie selbst einigermaßen gefasst begleiten zu können, sollte sein Kind nicht mitnehmen, sondern es durch liebe Menschen zu Hause betreuen lassen.

KINDER TRAUERN UM EIN TIER

Kinder erleben Trauer anders als Erwachsene. Ihre Gefühle wechseln oft zwischen intensiven Trauerphasen und spielerischen Momenten, was für Erwachsene schwer nachvollziehbar sein kann. Besonders kleine Kinder scheinen manchmal ungerührt und beschäftigen sich mit anderen Dingen, wenn ihr Kaninchen oder die Katze gestorben ist. Eltern sollten dies nicht mit Gleichgültigkeit verwechseln. Ebenso wenig darf man Trauergefühle von Kindern bagatellisieren, auch wenn es sich bei dem gestorbenen Tier aus Sicht der Erwachsenen »nur« um ein kleines Tier wie etwa einen Hamster, ein Meerschweinchen oder eine Rennmaus gehandelt hat. Gerade ältere Kinder und Jugendliche unterdrücken Trauergefühle, wenn sie sich von ihrem Umfeld nicht ernst genommen fühlen.

Für Kinder und Jugendliche spielen Rituale eine große Rolle, um ihre Trauer zu verarbeiten. Das Tier bewusst zu verabschieden, ist vielen wichtig. So kann man eine kleine Zeremonie veranstalten, ein Bild des Tiers aufstellen oder eine Erinnerungskiste mit Spielzeug,

Halsband und Bildern bestücken. Sich gemeinsam Fotos anzuschauen, regt dazu an, einander schöne Geschichten über das Tier zu erzählen. Wenn Kinder fragen, wo Hund oder Katze jetzt wohl sind, können Eltern ihre Überzeugungen einbringen. Manche erzählen ihren Kindern die Geschichte von der Regenbogenbrücke, über die kranke und alte Tiere gehen, um wieder gesund und fröhlich zu werden. Andere sprechen vom Himmel oder einer natürlichen Rückkehr zur Erde. Eltern können aber auch zurückfragen: »Und was meinst du? Was stellst du dir vor?« So werden Kinder ernst genommen und können eine eigene Vorstellung entwickeln, was nach dem Sterben kommt.

Und schließlich kann man zusammen überlegen, ob ein neues Tier die Lücke füllen könnte, die das gestorbene hinterlassen hat.

»Dürfen wir ihn im Garten beerdigen?« – Formen der Tierbestattung

Was geschieht mit dem geliebten Haustier, wenn es gestorben ist? Viele Tierbesitzerinnen beschäftigen sich erst dann mit dieser Frage, wenn ihr Tier eingeschläfert wird. In dieser extrem belastenden Situation fällt ihnen die Entscheidung für eine Bestattungsmöglichkeit oft

MEIN RAT

Überlegen Sie schon zu Lebzeiten Ihres Tiers, was nach seinem Tod mit ihm geschehen soll. Beziehen Sie alle Bezugspersonen mit ein – nicht immer sind die Vorstellungen gleich. Brauchen Sie einen Ort zum Trauern? Möchten Sie sich anhand von Bildern, Andenken und Geschichten an Ihr Tier erinnern? Können Sie sich vorstellen, Ihren Hund oder Ihre Katze selbst zu begraben? Wie ist Ihre Einstellung zu Erdbestattung oder Einäscherung? Und zur Tierkörperbeseitigung? Welche finanziellen Möglichkeiten haben Sie? Nach diesen grundsätzlichen Überlegungen kann dann im Detail entschieden werden, wie das Tier bestattet werden soll.

schwer. Manche bereuen sie im Nachhinein, können sie dann aber nicht mehr rückgängig machen. Auch wenn Hund, Katze oder ein anderes Haustier eines natürlichen Todes gestorben ist, besteht Handlungsbedarf. Gibt es einen konkreten Plan, ist das für die Betroffenen eine große Entlastung.

GESETZLICHE GRUNDLAGEN FÜR DIE TIERBESTATTUNG

Den Umgang mit verstorbenen Haustieren regelt in Deutschland das »Tierische Nebenprodukte-Beseitigungsgesetz« (TierNebG). Es schreibt grundsätzlich vor, ein totes Tier der Tierkörperbeseitigung zuzuführen. Das gilt für alle Tiere, die sich in menschlicher Obhut befinden, also Haus-, Nutz- und Zootiere. Grund dafür: Die Umwelt und die Gesundheit anderer Tiere sowie der Menschen dürfen nicht durch Substanzen gefährdet werden, die durch die Verwesung von Tierkörpern entstehen können. Auch sollen sich keine Tierseuchen oder Zoonosen, das sind vom Tier auf den Menschen übertragbare Krankheiten, ausbreiten können. Für die meisten Tierhalterinnen ist es heutzutage unvorstellbar, dass ihr tierischer Freund und Weggefährte in einer Tierkörperbeseitigungsanlage (TKBA) entsorgt wird. Auch wenn die Tiere schlussendlich verbrannt werden, sind diesem Vorgang noch einige Schritte vorgeschaltet. So werden alle gesammelten Tierkörper zuerst im Drucksterilisationsverfahren von Keimen befreit und weiter zu Tiermehl verarbeitet. Dieses wird zum Beispiel in Kohle-Kraftwerken als Brennstoff beigemischt.

Für Heimtiere gibt es zum Glück rechtliche Ausnahmen, die eine würdevolle Bestattung ermöglichen. Als Heimtier gelten laut Gesetz alle vom Menschen im Wohnbereich gehaltenen Tiere. Der besseren Verständlichkeit halber spreche ich weiter von Haustieren.

WENN DAS TOTE TIER IN DER PRAXIS VERBLEIBT

Tierärztinnen sind gesetzlich verpflichtet, Tierkörper fachgerecht aufzubewahren und zu beseitigen. Verbleiben Hund, Katze oder Meerschweinchen ohne besonderen Auftrag in der Tierarztpraxis, werden sie in der Regel von einem von der Kommune beauftragten Unternehmen abgeholt. Diese »Entsorgung« toter Haustiere in einer Tierkörperbeseitigungsanlage (TKBA) ist, nach der Beerdigung im Garten, der für Kundinnen kostengünstigste Weg. Die dafür erhobenen Gebühren sind von Bundesland zu Bundesland verschieden. Sie betragen je nach Größe des Tiers zwischen zehn und einhundert Euro und werden den Kunden von der Tierarztpraxis in Rechnung gestellt. Immer mehr Tierarztpraxen beauftragen nicht die TKBA, sondern sammeln die in der Praxis verstorbenen oder eingeschläferten Tiere in einer Kühlkammer oder Gefriertruhe und lassen sie zu gesonderten Konditionen von einem Tierkrematorium abholen. Sie werden dann anonym eingeäschert (siehe dort). Die Kosten werden ebenfalls an die Tierbesitzerinnen weitergegeben. Sie sind abhängig vom Gewicht des verstorbenen Tiers und liegen höher als die Gebühren für die TKBA.

MEIN RAT

Möchten Sie Ihr euthanasiertes Tier nicht mit nach Hause nehmen oder einäschern lassen, kümmern sich die Mitarbeitenden in der Tierarztpraxis um den Tierkörper. Sie müssen kein schlechtes Gewissen haben, wenn Sie Ihren Hund oder Ihre Katze in der Tierarztpraxis zurücklassen. Was mit Ihrem Tier nach seinem Tod geschieht, sagt nichts über die Verbundenheit mit ihm zu seinen Lebzeiten aus. Jeder geht mit den sterblichen Überresten seines Tiers anders um. Wenn Sie wissen wollen, wie in Ihrer Tierarztpraxis mit den verstorbenen Tieren verfahren wird, fragen Sie nach. Ertragen Sie den Gedanken nicht, dass der Körper Ihres Haustiers eventuell industriell verarbeitet wird, sagen Sie das. Gemeinsam wird man eine Lösung finden.

Sind Hund oder Katze in der Tierarztpraxis euthanasiert worden und wünschen Tierhalterinnen eine Kremierung ihres Tiers, dann übernimmt in der Regel das Praxispersonal die Kontaktaufnahme zu einem Tierkrematorium. Manche Tierbesitzerinnen möchten das tote Tier zwar beerdigen, aber bis zur Beerdigung nicht zu Hause aufbewahren, besonders nicht bei sommerlichen Temperaturen ohne Kühlung. Sie nutzen die Möglichkeit, ihr Tier so lange in der Tierarztpraxis zu lassen, bis sie eine Beerdigung im Garten vorbereitet haben, holen es dann aber wieder dort ab.

Für die Lagerung eines Tierkörpers in der Praxis, egal ob er zu Hause beerdigt, ins Tierkrematorium oder in eine Tierkörperbeseitigungsanlage übergeführt wird, muss er aus hygienischen Gründen in eine flüssigkeitsdichte Umhüllung verpackt werden. Tierarztpraxen und Tierkliniken verwenden dazu eigene Leichensäcke. Es gibt aber auch spezielle Taschen, sogenannte Euthabags. Sie können mit verbrannt werden und sind eine pietätvolle Möglichkeit, das tote Haustier aufzubewahren. Sie dürfen allerdings nicht mit vergraben werden, da sie nicht verrotten.

TIERBESTATTER UND BESTATTUNGSVORSORGE

Viele Tierbesitzerinnen kümmern sich selbst um die sterblichen Überreste ihrer Vierbeiner oder überlassen das ihrer Tierarztpraxis. Wer möchte, kann sich aber auch an professionelle Tierbestatter wenden. Dieser Berufszweig ist noch jung, gewinnt aber immer mehr an

Bedeutung. Tierbestatterinnen kümmern sich um alle Belange rund um das verstorbene Tier. Sie holen die Tierkörper beim Tierhalter oder in der Tierarztpraxis ab, organisieren nach Wunsch eine Aufbahrung und Trauerfeier und das anschließende Begräbnis oder die Kremierung inklusive der Rückführung der Asche. Sie sind Ansprechpartner für die Auswahl von Urnen oder sonstigen Erinnerungsstücken. Auch helfen sie Tierbesitzerinnen bei der Erledigung von Formalitäten. Neben den großen Tierbestattungsunternehmen mit Filialen in ganz Deutschland und eigenen Tierkrematorien gibt es auch regionale Anbieter. Sie kooperieren mit Tierkrematorien oder betreiben eigene Tierfriedhöfe. Wer sowohl finanziell als auch organisatorisch für den Todesfall seines Haustiers vorsorgen möchte, kann dazu das Angebot einiger Tierbestattungsunternehmen nutzen. Tierbesitzerinnen können schon im Vorhinein Bestattungsart und Zusatzleistungen wählen und dafür sparen. Dafür erhalten sie vom Unternehmen Bonusleistungen oder Preisnachlässe.

VERSCHIEDENE BESTATTUNGSARTEN

Neben der Tierkörperbeseitigung erlaubt das TierNebG für Haustiere folgende Bestattungsarten: die Beerdigung auf dem eigenen Grundstück, die Bestattung auf einem Tierfriedhof und die Kremierung, also eine Feuerbestattung.

BEGRÄBNIS IM (EIGENEN) GARTEN

Ein Tier zu beerdigen, ist die ursprünglichste und älteste Form der Tierbestattung. Am bekanntesten sind die Grablegen des antiken Ägypten, wo unter anderem Katzen kunstvoll einbalsamiert beigesetzt wurden. Auch im mitteleuropäischen Raum wurden schon früh Haustiere, überwiegend Hunde und sogar Pferde, beerdigt. Diese Tradition zieht sich vom frühen Mittelalter bis in die Neuzeit. Waren Tierbestattungen früher oft Teile ritueller Handlungen, drückten sie später immer mehr die enge Beziehung zum »Partner Tier« aus.

Besonders im ländlichen Bereich wurden und werden Haustiere wie Hamster, Vögel, Kaninchen, Katzen und Hunde im Garten vergraben. Immer wieder fragen Tierbesitzer, ob das überhaupt erlaubt ist. Ja, in den meisten Fällen schon. Das TierNebG und die entsprechende Ausführungsverordnung lassen ausdrücklich zu, einzelne Heimtiere auf eigenem Grund zu vergraben. Eine Ausnahme gilt für das Bundesland Bremen. Dort ist die Bestattung von Hunden und Katzen auf dem eigenen Grundstück aus Gründen des Grundwasserschutzes nicht gestattet. In anderen Bundesländern gibt es solche generellen Verbote nicht. Auch wenn die Betonung im Gesetzestext auf »einzelnen« Tieren liegt, kann so im Laufe der Jahre oder Jahrzehnte durchaus ein kleines Gräberfeld entstehen. Ich kenne viele Tierbesitzer, die ihre mit der Zeit verstorbenen Haustiere nebeneinander in einem besonderen Bereich des Gartens bestattet haben.

Draußen wird es schon dunkel. Frau Langner und ich sitzen in ihrer Wohnküche und schauen auf den toten Hund, der zwischen uns auf einer Decke liegt. Goliath ist neun Jahre alt geworden. Für eine Dogge ist das sehr alt. Ich habe ihn gerade eingeschläfert. Die Besitzerin, eine junge Frau, lebt allein in dem kleinen Anbau eines ehemaligen Bauernhofs. Im Haupthaus wohnen ihre Großeltern. Ich fange an, meine Sachen in den Hausbesuchskoffer zu packen, merke aber, dass Frau Langner noch etwas auf dem Herzen hat. »Goliath soll im Garten beerdigt werden. Würden Sie mir helfen, ihn rauszubringen?« Ratlos schaue ich auf die Dogge zu meinen Füßen. Goliath hat locker sechzig Kilo auf die Waage gebracht. Wie will sie ihn unter die Erde bekommen? Und wie sollen wir beide diesen Koloss überhaupt bis in den Garten kriegen? »Das muss ja ein richtig tiefes Grab sein, das Sie zu schaufeln haben! Wollen Sie Goliath nicht lieber einäschern lassen? Sie können die Asche ja dann anschließend begraben.« Die Besitzerin schüttelt den Kopf. »Eine Einzeleinäscherung kann ich mir nicht leisten. Noch nicht mal eine Sammelkremierung. Und dass er in die Tierkörperbeseitigung kommt – das will ich auf keinen Fall. Die Obstwiese ist groß genug. Für meine Großeltern ist das okay, wenn Goliath da begraben wird. Mein Bruder hilft mir, das Grab auszuheben. Ich kann Goliath nur nicht über Nacht hier drin lassen. Ich wollte ihn in den Gartenschuppen legen, es ist ja nachts schon kalt. Nur allein krieg ich ihn da nicht rüber.« Wir ziehen den Tierkörper auf der Decke über den Fliesenboden durch den

Flur bis zur Hintertür. Das geht noch einigermaßen gut. Doch dann: drei Stufen runter, sicher zehn Meter über den Hof, dort ist der kleine Schuppen. Zusammen zerren wir den Hund über die oberste Treppenstufe in eine Schubkarre, die schon bereitsteht. Goliath passt so gerade hinein. Frau Langner hebt die Karre an, ich halte den Hundekörper an der Seite fest. Langsam schieben wir das schwere Gefährt über den Hof in Richtung Schuppen. Es schwankt gefährlich. Fast wäre Goliath seitlich heruntergekippt. Und ich stelle mir vor, wie das von außen wirken muss: Zwei Frauen schieben bei beginnender Dunkelheit scheinbar heimlich einen schweren toten Körper in einer Schubkarre über einen Hinterhof. Skurriler geht's kaum. Als wir die Hütte erreichen, spricht Frau Langner aus, was ich denke: »Wie in einem schlechten Krimi. Die Täter versuchen, bei Nacht und Nebel die Leiche zu entsorgen!« Und bei aller Trauer über ihren gestorbenen Hund müssen wir beide etwas lachen. Wir schaffen es mit vereinten Kräften, die Schubkarre mit Goliath in den Geräteschuppen zu schieben. »Gut, dass mein Bruder morgen da ist. Allein werde ich Goliath da nie wieder rauskriegen. Und danke!«

Familie Stanowitz hat ebenfalls beschlossen, ihre Hündin Biene im Garten zu beerdigen. Zur Euthanasie haben wir einen Hausbesuch vereinbart. Herr Stanowitz öffnet mir die Tür des Einfamilienhauses. Er bittet mich direkt durchs Wohnzimmer über die Terrassentür nach draußen. Frau Stanowitz und ihre Tochter sitzen mit der Rottweilerhündin am hinteren Ende des Gartens unter einem Apfelbaum im Gras. Nicht weit davon entfernt ist bereits eine ungefähr einen Kubikmeter große Grube sorgfältig ausgehoben. Mein erster Gedanke: »Makaber. Die Hündin soll jetzt direkt neben ihrem Grab sterben.« Aber: Biene ist es doch völlig egal. Sie weiß nicht, dass dieses Loch für sie gedacht ist. Niemand muss den schweren Körper weit schleppen. Und bei den sommerlichen Temperaturen ist es gut, wenn sie schnell beerdigt wird. Am Boden des Erdlochs liegen Blütenblätter. Und neben der Grube steht in einem Kübel ein Rosenstrauch. Er soll später hier gepflanzt werden. Nachdem ich Biene eingeschläfert habe, liegt die Hündin friedlich im Gras. Die Familie nimmt in Ruhe Abschied. Und beerdigt sie dann, in ein Tuch gehüllt, in dem vorbereiteten Grab.

Was bei der Beerdigung auf dem Grundstück zu beachten ist:

Es muss sich um ein Privatgrundstück handeln. Entweder das eigene oder das von Freunden oder Verwandten, wenn diese einverstanden sind. Wer im Internet recherchiert, trifft wiederholt auf die Fehlinformation, man dürfe seinen verstorbenen Hund oder die Katze im Wald oder irgendwo in der freien Natur oder auf öffentlichem Grund begraben. Das ist falsch. Und Achtung: Ein totes Haustier außerhalb des eigenen Grundstücks oder eines Tierfriedhofs zu begraben, ist verboten und kann ein Bußgeld von bis zu 15 000 Euro nach sich ziehen.

Das Grundstück darf nicht in einem Wasserschutzgebiet liegen. Es soll verhindert werden, dass das Grundwasser kontaminiert wird.

Das Tiergrab muss einen Mindestabstand von öffentlichen Wegen und Plätzen haben. Viele Gemeinden setzen dafür einen oder zwei Meter an. Auch zum Garten der Nachbarn sollten Tierbesitzer beim Vergraben des Tiers einen gewissen Abstand halten. Es gibt gesetzlich dazu zwar keine Vorschriften, aber ich halte das für eine Frage der Rücksicht. Das Grab muss so tief ausgehoben werden, dass sich über dem Tierkörper eine Erdschicht von mindestens 50 Zentimetern bis zum Rand der Grube befindet. Andere Tiere sollen den toten Körper nicht ausbuddeln können. Zusätzlich kann man das durch eine Steinplatte oder einen schweren Blumentrog verhindern. Eine eventuelle Umhüllung der Tierleiche darf den Verwesungsprozess zudem nicht beeinträchtigen.

Haustiere, die an einer melde- oder anzeigepflichtigen Krankheit erkrankt sind, dürfen nicht im Garten vergraben werden. Dabei ist nicht ausschlaggebend, ob diese Krankheit auch die Todesursache war. Eine Übertragung von Krankheitserregern auf andere Tiere oder Menschen soll damit verhindert werden.

MEIN RAT:
Für die Bestattung von großen Hunden kann es je nach Kreis oder Gemeinde Auflagen oder auch Bestattungsverbote geben. Erkundigen Sie sich in diesem Fall schon frühzeitig beim zuständigen Veterinäramt. Kleine Hunde und Meerschweinchen,

Wellensittiche, Kaninchen oder Katzen im Garten zu begraben, ist in der Regel unproblematisch. Wohnen Sie zur Miete oder auf einem Pachtgrundstück, klären Sie mit dem Eigentümer, ob Sie Ihr Tier im Garten beerdigen dürfen. Überlegen Sie dabei aber auch, ob eventuell in den nächsten Jahren ein Umzug anstehen könnte. Dann müssten Sie das Grab mit den sterblichen Überresten Ihres Tiers zurücklassen. Wenn Sie kein eigenes Grundstück haben, gibt es vielleicht die Möglichkeit, Ihr Haustier bei Verwandten oder Freunden zu beerdigen. Dies sollten Sie ebenfalls rechtzeitig miteinander besprechen.
Auch wenn Sie fest entschlossen sind, Ihr Tier im (eigenen) Garten zu begraben, sollten Sie noch einen Plan B haben. Im Winter kann der Boden gefroren sein. Extreme Trockenheit im Sommer oder starke Regenfälle können eine Erdbestattung ebenfalls erschweren oder sogar unmöglich machen. Eine Einäscherung des Tiers und die Beisetzung der Asche am vorgesehenen Platz zu einem späteren Zeitpunkt sind dann eine gute Alternative.

Aus der Praxis

Frau Fischer ist eine betagte Dame, die in einer Seniorenwohnanlage lebt. Der tierlieben Frau ist eine Katze zugelaufen, die sie auf der Terrasse füttert. Mittlerweile wohnt Millie in

Frau Fischers kleinem Appartement, auch wenn sie das eigentlich gar nicht darf: Tierhaltung ist laut Hausordnung in der Einrichtung verboten. Doch alle Mitbewohnerinnen und auch das Pflegepersonal mögen Millie sehr, sodass sie Frau Fischers Geheimnis wahren und sie unterstützen. Eine Mitarbeiterin bringt Millie zu mir in die Tierarztpraxis, wenn es nötig ist. Umso schlimmer ist es für alle, als Millie schwer erkrankt. Da es der Katze schlecht geht, rate ich schweren Herzens zum Einschläfern. Für Frau Fischer ist das eine Katastrophe. Abends nach der Sprechstunde fahre ich zu ihr. Martina, eine der Betreuerinnen, öffnet mir die Wohnungstür. »Haben Sie nicht schon längst Feierabend?«, frage ich die junge Frau. »Eigentlich schon. Aber ich kann Frau Fischer doch in dieser Situation nicht allein lassen.« Martina hält Millie fest, während ich diese in Narkose lege. Anschließend schläfere ich die Katze auf dem Schoß ihrer Besitzerin ein. »Was geschieht denn nun mit meinem Schatz?«, fragt die alte Frau weinend. »Sie dürfte ja eigentlich gar nicht hier sein.« Ich will gerade die Bestattungsmöglichkeiten aufzählen, da sagt Martina: »Wenn das für Sie in Ordnung ist, Frau Fischer, würde ich Millie gerne mitnehmen und bei uns im Garten beerdigen. Ich habe sie sehr gemocht und möchte ihr bei uns einen Ruheort geben.« Ich bin sehr erleichtert, und auch Frau Fischer stimmt dieser Lösung gern zu. »So weiß ich, wo Millie begraben ist. Das tröstet mich ein bisschen.«

BESTATTUNG AUF EINEM TIERFRIEDHOF

Wer sein Haustier nicht im eigenen Garten beerdigen kann oder möchte, hat die Möglichkeit, dies auf einem Tierfriedhof zu tun. Dort pachtet man eine Grabstätte für einen gewissen Zeitraum. Sie darf als Erinnerungsort individuell gestaltet werden. Auf manchen Tierfriedhöfen gibt es pflegeleichte Rasengräber. Auch sind Bestattungen auf einem anonymen Gräberfeld möglich. Mancherorts wird neben der Urnenbeisetzung auch die Aufbewahrung von Tierurnen in gemauerten Nischen, sogenannten Kolumbarien, angeboten. Tierfriedhöfe sind zumeist in privater Hand, es gibt aber auch solche, die von Städten oder Kommunen geführt werden. Die Mindestliegezeit beträgt je nach Friedhofssatzung und Tiergröße drei bis fünf Jahre, in Ausnahmefällen, zum Beispiel bei sehr großen Hunden, auch sieben Jahre. Die Pachtzeit eines Grabs lässt sich anschließend verlängern, in der Regel jährlich.

EINÄSCHERUNG IN EINEM TIERKREMATORIUM

Neben der Beerdigung im Garten wählen immer mehr Menschen für ihr verstorbenes Haustier die Einäscherung in einem Tierkrematorium. Besonders in Ballungsgebieten und Städten, wo seltener ein eigener Garten zur Verfügung steht, ist die Kremierung eine würdige Alternative zur Entsorgung in einer Tierkörperbeseitigungsanlage. In den 1990er-Jahren wurde in München das erste Tierkrematorium in Betrieb genommen. Mittlerweile gibt es in Deutschland etwa zwei Dutzend Anlagen dieser Art. Eingeäschert werden dürfen Hunde, Katzen, Kaninchen, Meerschweinchen und andere kleine Säugetiere, aber auch Vögel und Reptilien. Für Pferde gelten besondere Bestimmungen.

Ein Krematorium ist eine Art Hochofen, in dem die Tierkörper bei sehr hohen Temperaturen (900–1200 °C) zu Asche verbrannt werden. Bei der Einäscherung reduziert sich die Masse eines Körpers auf etwa drei Prozent. Wenn ein Hund 20 Kilo gewogen hat, bleiben also ungefähr 600 Gramm zurück. Diese Rohasche, bestehend aus den nicht brennbaren mineralischen Anteilen des Tierkörpers, wird vermahlen. Die so entstehende Asche sieht dann in etwa aus wie grober Muschelsand.

Ein Tierkrematorium zu betreiben, ist mit hohen gesetzlichen Auflagen verbunden. Die Anlagentechnik ähnelt der von Humankrematorien. Deutsche Tierkrematorien sind TÜV-zertifiziert. Eine lückenlose Überprüfung und Dokumentation jeglicher Vorgänge sind vorgeschrieben, um eine Belastung der Umwelt und der Gesundheit von Menschen und Tieren durch Tierkadaver zu unterbinden. Die Sorge mancher Kunden, ihr Tier lande »auf dem Müll«, werde »zu Seife verarbeitet« oder sonst wie entsorgt, ist unbegründet. Tierbesitzerinnen können absolut sicher sein, dass ihr Tier auch wirklich verbrannt und mit der Asche so verfahren wird, wie sie das beauftragt haben. Die Tiere werden von Mitarbeitenden des beauftragten Tierbestattungsunternehmens in der Tierarztpraxis abgeholt. Im Fall einer Einzelkremierung oder Gemeinschaftskremierung geschieht das im Anschluss an die Euthanasie, oft noch am selben Tag. Das Tier kann auch bei den Tierbesitzern zu Hause abgeholt werden. Es besteht zudem immer die Möglichkeit, als Privatperson sein totes Tier zum Tierkrematorium zu bringen, nachdem man es telefonisch angemeldet hat.

Im Wesentlichen gibt es drei Möglichkeiten, ein Tier einäschern zu lassen. Sie werden von den Unternehmen teilweise unterschiedlich bezeichnet.

SAMMELKREMIERUNG ODER ANONYME EINÄSCHERUNG

Bei dieser finanziell günstigsten Art der Einäscherung, die je nach Unternehmen auch Basiskremierung genannt wird, werden die Körper verschiedener Tiere zusammen verbrannt. Bis zum Zeitpunkt der Kremierung werden die Tierkörper gekühlt gelagert. An welchem Tag und zu welcher Uhrzeit die Verbrennung geschieht, erfährt der Besitzer nicht. Die Asche aller zusammen kremierten Tiere wird auf landwirtschaftlichen Nutzflächen in der weiteren Umgebung des jeweiligen Krematoriums ausgestreut. Ein Ort des Gedenkens an das eigene Tier ist somit nicht gegeben. Trotzdem können die Tierhalterinnen gewiss sein, dass ihr verstorbener Hund oder ihre Katze, das Kaninchen oder Meerschweinchen verbrannt wurde und die Asche in den Kreislauf der Natur zurückkehrt.

GEMEINSCHAFTSKREMIERUNG

Der Tierkörper wird wie bei der Sammelkremierung zusammen mit anderen in einem Verbrennungsvorgang eingeäschert. Name und Herkunft der zusammen verbrannten Tierkörper werden vermerkt. Eine Erinnerungskarte oder ein Schmuckzertifikat bescheinigt das Kremierungsdatum des jeweiligen Tiers. Die Asche der zusammen verbrannten Tiere wird auf einem Streubeet auf dem Gelände des jeweiligen Krematoriums verstreut oder in großen Sammelurnen beigesetzt. Diese Beete, die gärtnerisch besonders gestaltet sind, können zu den Öffnungszeiten besucht werden. Manche Unternehmen bieten auch die Möglichkeit, Gedenktafeln oder andere Erinnerungsstücke aufzustellen. Diese besondere Form der Sammelkremierung ist allerdings nicht in allen Krematorien möglich, da nicht jedes über ein solches »Gedenkbeet« verfügt.

EINZELKREMIERUNG ODER INDIVIDUELLE EINÄSCHERUNG

Das tote Tier wird in einem Brennvorgang separat von anderen Tierkörpern eingeäschert. Ein Zertifikat bescheinigt Tag und Uhrzeit der Kremierung. Es kommt zu keiner Vermischung mit der Asche anderer Tiere. In einigen Krematorien wird dem Tier ein Schamottstein mit einer individuellen Nummer beigelegt, der auch anschließend in der Asche zu finden ist. Die Tierhalterinnen bekommen die Asche ihres Tiers in einem verschlossenen Beutel mit Umkarton oder einer vorher ausgewählten Schmuckurne zurück. Das eingeäscherte Tier kann beim jeweiligen Krematorium oder in der Filiale abgeholt werden. Möchte man das nicht, wird die Urne oder die verpackte Asche per Post oder Kurier an die auftraggebende Tierarztpraxis oder an die Besitzer direkt überführt.

SONDERFORM DER EINZELEINÄSCHERUNG: DIREKTKREMIERUNG ODER PREMIUM-KREMIERUNG

Auf Wunsch können Tierbesitzerinnen der Kremation ihres toten Haustiers bis zu einem gewissen Zeitpunkt beiwohnen. Diese sogenannte Direktkremierung oder auch Premiumkremierung muss allerdings terminlich abgestimmt werden und ist mit zusätzlichen Kosten verbunden. Das Tier wird vorher aufgebahrt, um Abschied nehmen zu können. Es besteht auch die Möglichkeit, eine kleine Trauerfeier abzuhalten. Wenn Tierbesitzer möchten, können sie das Einfahren des Tierkörpers in den Kremationsofen sehen. Je nach Krematorium und abhängig von den gesetzlichen Auflagen der einzelnen Bundesländer geschieht das direkt oder durch ein Fenster. Nach der Kremierung, die je nach Tiergröße bis zu drei

MEIN RAT

Homepage oder Infobroschüre der einzelnen Tierbestattungsunternehmen geben Auskunft über die möglichen Formen der Einäscherung und deren Bezeichnung. Für den Fall, dass Sie das Beet besuchen möchten, an dem die Asche Ihres Tiers nach einer Gemeinschaftskremierung verstreut wird, sollten Sie sich genau erkundigen, wo sich dieses befindet. Die Krematorien sind oft an anderen Orten als die Bestattungsunternehmen oder ihre Filialen; sie können durchaus bis zu hundert Kilometer entfernt sein. Auch werden Einzel- und Sammelkremierungen nicht unbedingt im selben Krematorium durchgeführt. Ist etwas unklar, fragen Sie nach – entweder direkt beim Anbieter oder in der Tierarztpraxis, die mit dem Krematorium in Kontakt steht. Eine telefonische Beratung durch die jeweiligen Unternehmen ist jederzeit möglich, wenn nötig sogar am Wochenende oder abends. Die Tierbestattungsunternehmen kontaktieren auch ihrerseits die Tierbesitzerinnen, besonders wenn Fragen offen sind. Wenn Sie noch nicht sofort angeben können, welche Kremierungsform Sie für Ihr Tier wünschen, ist das kein Problem. Die verstorbenen Haustiere werden so lange in der Tierarztpraxis oder im Krematorium gelagert, bis Sie sich entschieden haben.

Stunden dauert, nehmen die Besitzer die Asche des Tiers persönlich in Empfang.

WOHIN MIT DER TIERASCHE?

Der Umgang mit Tierasche ist in Deutschland nicht gesetzlich geregelt, eine Friedhofspflicht wie für menschliche Asche besteht nicht. Da die Tierasche gesundheitlich unbedenklich und schadstofffrei ist, darf sie so gut wie überall verstreut oder vergraben werden. Viele wählen eine Urne, um sie als Andenken an ihr Tier in der Wohnung aufzustellen oder sie im Garten beizusetzen. Die Auswahl ist groß und reicht von Mikrournen, die als Schmuck getragen werden können, über schlichte Kästchen oder an der Rückseite mit Asche befüllbare Bilderrahmen bis hin zu individuell gefertigten kunstvollen Gefäßen. Es können aber auch Gefäße aus dem eigenen Haushalt zur Aufbewahrung der Tierasche verwendet werden. Man kann die Urne in einem Friedwald oder auf einem Tierfriedhof beisetzen lassen. Seebestattungen, Luftbestattungen oder sogar eine Weltraumbestattung – es ist fast alles möglich. Wer möchte, kann die Asche seines Tiers auch zu einem Diamanten pressen lassen. Die meisten Tierhalterinnen vergraben sie aber im Garten oder verstreuen sie in der Natur. Manche nehmen die Asche ihres Hunds mit in den Urlaub, um sie am Meer oder in den Bergen an einem Ort zu verstreuen, den sie mit ihm zu seinen Lebzeiten gern besucht haben. Und sie erinnern sich dann, sooft sie dort Urlaub machen, ganz besonders an ihn.

MENSCH-TIER-BESTATTUNGEN

Immer mehr Menschen wünschen sich, dass ihr Tier mit ihnen gemeinsam bestattet wird. Das Beerdigen von Tierkörpern auf Menschenfriedhöfen ist jedoch nicht gestattet. Anders sieht es mit Tierasche aus. Theoretisch kann sie mit einem Verstorbenen oder seiner Asche als Grabbeigabe beigesetzt werden, da sie sich selbst zersetzt, Grundwasser und Umwelt nicht schadet und den natürlichen Verwesungsprozess des Leichnams nicht stört. Die offizielle Beisetzung der Asche verstorbener Haustiere, also mit Urne oder sogar einem eigenen Gedenkstein auf dem Grab, ist auf den meisten Friedhöfen noch per Satzung verboten. Seit einigen Jahren aber gehen immer mehr Friedhöfe dazu über, die »Mensch-Tier-Bestattung«, oft in gesonderten Bereichen, zu gestatten. Wird ein Mensch oder seine Asche bestattet, kann die Urne des schon früher gestorbenen Tiers mit ihm zusammen beigesetzt werden. Auch können Angehörige eine Tierurne auf dem Grab des früheren Besitzers beisetzen, wenn er vor seinem Tier gestorben ist und dies sein Wunsch war. Die Möglichkeit, neben den Grabsteinen auch Gedenksteine oder -tafeln für die Tiere aufzustellen, besteht allerdings nicht überall.

ALTERNATIVE BESTATTUNGSFORMEN

Der Vollständigkeit halber sei hier noch kurz auf weitere mögliche Formen des Umgangs mit verstorbenen Haustieren eingegangen.

TIERKÖRPERSPENDE

Anatomische Institute der tiermedizinischen Ausbildungsstätten sind für die praktische Ausbildung ihrer Studierenden auf Tierkörperspenden angewiesen. Auch für Operationsübungen ist ein totes Tier von großem Wert, da kein Simulator das Lernen am echten Körper ersetzen kann. Möchten Tierbesitzerinnen also dem Tod ihres Tiers noch einen Sinn geben, können sie den Tierkörper für wissenschaftliche Zwecke zur Verfügung stellen. Die Universitäten beziehungsweise Hochschulen oder privaten Fortbildungsstätten sorgen für einen pietätvollen Umgang und anschließend für eine fachgerechte Entsorgung. Den Tierbesitzern entstehen dabei keine Kosten. Wer über eine Tierkörperspende nachdenkt, kann sich direkt an die tierärztlichen Bildungsstätten wenden. Auch Tierarztpraxen können weiterhelfen.

TIERPRÄPARATION

Die Tierpräparation ist eher von der Jagd bekannt. Dass Haustiere nach ihrem Tod »ausgestopft« werden, ist eher die Ausnahme. Tierhalter, die über diese Form der

Konservierung ihres Tiers nachdenken, sollten wissen, dass für eine Präparation des Kaninchens, der Katze oder eines anderen Haustiers nur das Fell und die Krallen verwendet werden. Der Tierkörper selbst wird aus unterschiedlichen Materialien möglichst lebensecht nachmodelliert. Die zur Präparation nicht verwendeten Tierkörperteile werden meist in Absprache mit den Kunden eingeäschert oder können von den Tierbesitzern begraben werden.

»Sie fehlt mir jeden Tag.« – Die Zeit danach

Die Trauer eines Menschen um sein Tier beginnt oft schon vor dem Tod. Das kann in dem Moment sein, in dem ihm klar wird: Das Leben des Weggefährten wird bald enden. Auch sein Alter oder erste Anzeichen von Gebrechlichkeit können bereits Verlustängste und Trauergefühle auslösen. Mit dem Tod des Tiers ändert sich jedoch die Situation: Was zuvor als belastende Vorstellung empfunden wurde, ist nun Wirklichkeit. Damit gilt es umzugehen.

WAS IST NACH DER EUTHANASIE ZU BEDENKEN?

Ganz gleich, ob eines natürlichen Todes gestorben oder eingeschläfert: Im Anschluss gibt es einige Formalitäten zu erledigen. Die einen finden das lästig, andere sind froh, etwas zu haben, das sie von ihrer Trauer ablenkt.

- Ein Hund muss beim örtlichen Steueramt abgemeldet werden. Die Frist dafür beträgt in der Regel zwei Wochen. Die Abmeldung muss schriftlich erfolgen, in immer mehr Kommunen geht das aber auch online.

Die dafür benötigte Sterbe- / Euthanasiebescheinigung bekommen Tierhalter von der Tierärztin. Die zuständige Gemeinde erteilt auch Auskunft, ob die Hundesteuermarke abgegeben werden muss.

- Existiert eine Hundehaftpflichtversicherung? War das Tier krankenversichert? Beide Versicherungen müssen gekündigt werden. Auch hier benötigt man eventuell die tierärztliche Bescheinigung. Es kann aber auch ausreichen, die Rechnung über die erfolgte Euthanasie vorzulegen.
- Ist das Tier bei einem Haustierregister (zum Beispiel TASSO oder FINDEFIX) registriert, sollte sein Tod dort gemeldet werden. Das geht online oder telefonisch.
- Ist das Tier zu Hause gestorben oder wurde es von jemand anderem als der Haustierärztin eingeschläfert, sollten Tierhalter diese darüber informieren. Viele Tierarztpraxen haben einen Erinnerungsservice für fällige Impfungen oder Vorsorgeuntersuchungen. Gestorbene Tiere werden aus dem System genommen, sodass dann auch keine Erinnerungen mehr verschickt werden. Abgesehen davon ist es dem Praxisteam ein Anliegen zu wissen, wenn einer der tierischen Patienten gestorben ist. Oft besteht eine langjährige Beziehung zum Tier, und Tierärztinnen und Mitarbeiterinnen fühlen sich ihm und den Besitzern verbunden.
- Immer mehr Tierarztpraxen schicken ein bis zwei Wochen, nachdem ein Tier euthanasiert worden ist, eine Kondolenzkarte an die Tierbesitzer. Das reicht je nach Praxis von einem vorgedruckten Text mit Unter-

schrift bis zu persönlichen Zeilen der behandelnden Tierärztin. Für die meisten Tierbesitzer ist das schön, drückt es doch die Anteilnahme des Praxisteams aus. Wenn jemand aber keine solche Post erhalten möchte, weil er nicht an den Tod seines Tiers erinnert werden möchte, kann er das ruhig sagen.

- Gibt es noch Medikamente vom Tier? Die richtige Entsorgung erfolgt über den Hausmüll. Dieser wird in industriellen Anlagen verbrannt. So gelangen keine für Gewässer, Pflanzen oder Lebewesen schädlichen Arzneistoffe in die Umwelt. Wer sich unsicher ist, kann Arzneimittel auch in der Tierarztpraxis abgeben. Es ist aber nicht möglich, dort gekaufte Medikamente »umzutauschen«. Tierarztpraxen dürfen Medikamente nicht zurücknehmen und weitergeben, sondern müssen sie vernichten. Das gilt leider auch für nicht angebrochene Originalverpackungen. Viele Kunden würden nicht mehr benötigte Medikamente gern spenden. Eine Weitergabe zurückgegebener apotheken- oder verschreibungspflichtiger Medikamente von Tierarztpraxen an Einzelpersonen, Tierheime oder Tiertafeln ist aber arzneimittelrechtlich verboten.
- Wer vorhandenes Zubehör wie Transportbox, Geschirr und Leine, Futternäpfe, Käfige, Kratzbaum oder Hundebetten nicht mehr im Haus haben möchte, kann gut erhaltene und saubere Teile verschenken oder verkaufen. Örtliche Tierheime, Tiertafeln und Tierschutzorganisationen freuen sich auch über Spenden. Man sollte aber vorher nachfragen, was gebraucht wird und

was nicht. Bei Futter oder Leckerlis sollte das Mindesthaltbarkeitsdatum nicht überschritten sein. Auch nehmen Tierschutzvereine oder Tierheime aus Hygienegründen keine angebrochenen Futtersäcke an.

»ICH WERDE IHN NIE VERGESSEN.« – ERINNERUNGEN, ORTE, RITUALE

Das geliebte Tier ist tot. Die Formalitäten sind erledigt, und so mancher Tierhalterin wird erst jetzt bewusst, wie sehr ihr Alltag von der Anwesenheit des Tiers beeinflusst war. Alleinstehende empfinden das oft als besonders schlimm: in die leere Wohnung zu kommen, keinen Grund mehr zum Spazierengehen zu haben.

Immer wieder wird man an den Verlust erinnert. Und will doch nicht komplett alles beseitigen. So liegt vielleicht Wochen nach der Euthanasie des alten Labradors immer noch die Rampe im Kofferraum, mit der dieser ins Auto gelangen konnte. Oder ein Treppengitter bleibt stehen, obwohl der arthrosegeplagte Hund, für den es installiert wurde, schon seit einem halben Jahr nicht mehr lebt. Im Onlineportal für Ferienwohnungen ist immer noch die Filterfunktion »mit Haustier« eingestellt, dabei fährt kein Hund mehr mit in den Urlaub. Und ehemalige Katzenbesitzer bemerken noch nach Monaten Haare ihrer verstorbenen Tiere in Polstern und auf Kissen.

Persönliche Andenken helfen trauernden Tierhalterinnen, den Abschied vom Tier erträglicher zu machen. Tierbestattungsunternehmen bieten dazu neben verschiedensten Urnen noch vieles andere an. Sehr individuell ist zum Beispiel ein Pfotenabdruck des verstorbenen Tiers, als Print oder in Gips. Es gibt ihn sogar als Gravur auf einem Schlüsselanhänger oder in Holz. Tierasche oder Haare werden in Schmuckstücke und Skulpturen aus Glas eingearbeitet. Wer möchte, kann die Asche seines Tiers zu einem Diamanten verarbeiten lassen. In Urnen können zusammen mit der Asche Pflanzensamen platziert werden, aus denen Bäume wachsen.

Tierhalterinnen können sich aber auch selbst ihre Andenken schaffen. Manche schreiben ihrem Tier einen Brief oder halten Erlebtes in Form eines Tagebuchs fest. Andere gestalten ein Fotoalbum, hängen Bilder vom Tier und von gemeinsamen Unternehmungen in der Wohnung auf, vielleicht neben der Urne oder in einem Urnen-Bilderrahmen. Ich weiß auch von mehreren Menschen, die sich den Namen ihres Tiers, seine Anfangsbuchstaben, einen Pfotenabdruck oder sogar ein Porträt ihres Hunds oder ihrer Katze als Tattoo haben stechen lassen.

Neben den Andenken können auch Orte und Rituale helfen, mit der Trauer um ein Tier umzugehen. Im eigenen Garten bepflanzen viele das Tiergrab mit Blumen, setzen einen Baum, gestalten einen Gedenkstein oder eine Gedenktafel. Andere verstreuen die Asche an einem

Ort, an den sie immer wieder zurückkehren. Oder die Tierurne bekommt einen besonderen Platz in der Wohnung. Eine Mitarbeiterin eines Tierkrematoriums erzählt mir, dass Menschen oft am Todestag ihres Hunds oder ihrer Katze zu einer Gedenktafel im Garten des Krematoriums kommen. Eine Frau besuche den Ort sogar jede Woche, um im Gedenken an ihre Katze frische Blumen zu bringen und ein Licht aufzustellen. Und das seit Jahren.

Aus der Praxis

Ein Abend in der Praxis zum Thema »Letzte Hilfe – Euthanasie in der Tierarztpraxis«. Es kommen Menschen, die sich darüber informieren, aber auch austauschen wollen. Einige, weil sie vor kurzer Zeit ein Tier verloren haben. Andere, weil sie der Gedanke an das Ende ihres Haustiers beschäftigt. Frau Hölscher erzählt, dass sie für ihren Kater Joschi eine Bestattungsvorsorge abgeschlossen hat. Er soll eine Einzelkremierung bekommen. Für sie ist es wichtig, dass sie Joschis Asche zurückbekommt. Sie hat auch verfügt, dass die Asche ihrer beiden schon gestorbenen Katzen nach ihrem Tod mit in ihr Grab gegeben werden soll. Sie erzählt: »Meine Minka habe ich vor vier Jahren einäschern lassen. Das möchte ich für Joschi auch haben. Ich habe Minkas Asche in einer Urne bei mir zu Hause. Oft trage ich das Kästchen durch die Wohnung, um mich an Minka zu erinnern. Dann rede ich mit ihr und habe das Gefühl, sie hört mir zu. Und wenn es ganz schlimm ist und ich sehr traurig bin, nehme ich die Urne auch mit ins Bett.«

TRAUER UM EIN TIER – (NOCH) NICHT GESELLSCHAFTSFÄHIG?

Die Zeit nach dem Tod eines geliebten Tiers erleben die Besitzer sehr unterschiedlich. Einige können den Verlust gut und zügig verarbeiten. Sie akzeptieren das Sterben ihres Haustiers. Ihnen war ihr Tier ein Begleiter auf Zeit, der gemeinsame Weg ist nun zu Ende. Andere leben in einem familiären und sozialen Umfeld, das sie in ihrer Trauer versteht und unterstützt. Sie können sich darüber austauschen, gemeinsam trauern. Viele erleben aber auch, dass selbst nahe Angehörige ihre Empfindungen nicht verstehen. Sie fühlen sich alleingelassen und in ihrer Trauer nicht ernst genommen. Während es akzeptiert, ja sogar vorausgesetzt wird, beim Verlust eines nahestehenden Menschen zu trauern, gilt das für die Trauer um ein Tier häufig nicht. Um ein Tier zu trauern, bewertet ein Teil unserer Gesellschaft immer noch als übertrieben. Diese Einstellung hält sich auch in den Köpfen vieler Tierhalter – nach meiner Beobachtung besonders bei älteren Menschen und bei Männern: »Um ein Tier weint man doch nicht.«

Es gibt auch keine gesellschaftlich anerkannte Trauerzeit für Tierbesitzerinnen. Im besten Fall wird jemandem noch zugestanden, dass er eine oder zwei Wochen trauert, aber dann soll es auch gut sein. Die Aussagen »Es ist doch nur ein Hund (eine Katze, ein Kaninchen ...)!« oder »Schaff dir doch einfach ein neues Tier an ...« hören Tierbesitzer immer wieder. Was im besten Fall tröstend, im schlechtesten Fall abfällig gemeint ist, verletzt trauernde Tierhalterinnen. Und so reden sie oft gar nicht über ihren Verlust, erzählen niemandem außerhalb des engsten Familien- oder Freundeskreises davon.

Auch fällen Außenstehende schnell ein Urteil, um welches Tier man trauern dürfe und um welches nicht: je kleiner – und vor allem, je günstiger – ein Haustier in der Anschaffung, desto größer das Unverständnis des Umfelds. Dass ein Mensch um sein Pferd oder seinen Hund trauert, ist noch »okay«. Auch der Verlust einer Katze darf betrauert werden. Aber der Tod eines Kaninchens, Meerschweinchens oder Chinchillas?

Doch warum sollte man um solche Tiere nicht trauern dürfen? Es gibt keinen Zusammenhang zwischen Größe und Geldwert eines Tiers und der Trauer, die sein Besitzer empfindet. Niemand weiß, was das Tier für einen Menschen bedeutet hat und wie schwer der Verlust für ihn ist.

Aus der Praxis

Ich mache einen Hausbesuch zur Euthanasie einer alten Dalmatinerhündin. Familie Zenger kenne ich noch nicht, eine Kollegin hat sie zu mir überwiesen, weil sie zum Einschläfern einen Hausbesuch wünschen. Das kleine Einfamilienhaus steht in einem Neubaugebiet. Fahrräder, ein Skateboard und Sporttaschen lassen auf Kinder im Teenageralter schließen. Frau Zenger ist allein zu Hause. Ihr Mann sei auf Dienstreise und die Kinder bei Freunden, sagt sie. Es sei besser so. Nachdem ich die Hündin eingeschläfert habe, sitzt die Tierhalterin wie versteinert da. Dann bricht es aus ihr heraus: »Was soll ich jetzt nur machen. Jetzt habe ich niemanden mehr, mit dem ich reden kann. Niemanden mehr, der mir zuhört.«

Mitunter hat die Trauer um ein Tier auch noch eine andere, tiefere Bedeutung. Das wird manchem erst später bewusst.

Aus der Praxis

Matthias gehörte zu einem der ersten Kunden in meiner Praxis. Zusammen mit seinem Partner Michael hatte er ein Zwergkaninchen aus einem Altpapiercontainer gerettet. Sie nannten das Kaninchen Molli. Molli war tragend, vermutlich war sie deshalb »entsorgt« worden. Sie und die drei Jungen, die zwei Wochen später geboren wurden, hatten bei Matthias und Michael ein großartiges Leben: Auslauf auf der eingezäunten Terrasse, drinnen ein eigenes Zimmer für sich. Als ich Molli zwei Jahre später wegen einer unheilbaren Erkrankung einschläfern musste, war das für Matthias schlimm. Er ließ das Kaninchen einzeln kremieren. Für die Asche gab es eine Urne. Zudem ließ sich Matthias etwas Asche in ein kleines Schmuckstück füllen, das er bei sich tragen konnte. Einige Monate später erzählte er mir, warum dieses Kaninchen für ihn so besonders gewesen war: »Kurz bevor wir Molli bekommen haben, ist mein Vater gestorben. Ich hatte kein besonders gutes Verhältnis zu ihm. Und ich habe nie so richtig um ihn getrauert. Als jetzt Molli sterben musste, kam das Ganze wieder hoch. Ich glaube, in meiner Trauer um Molli konnte ich endlich auch um meinen verstorbenen Vater weinen.«

TIERLIEBE IM WANDEL

Den hohen Stellenwert als bester Freund, Familienmitglied, Partner- oder Kindersatz haben Hunde und Katzen, vermehrt aber auch Kaninchen und andere kleine Heimtiere für viele Menschen in Deutschland erst in den vergangenen zehn bis zwanzig Jahren bekommen. Zusätzlich intensiviert wurde die Entwicklung durch die Coronapandemie. In dieser Phase, in der man viel Zeit zu Hause verbrachte und Homeoffice für eine zunehmende Zahl von Beschäftigten zum normalen Bestandteil des Arbeitsalltags wurde, schafften sich viele erstmalig ein Haustier an. So wurden bei der Tierschutzorganisation TASSO e. V. nach eigenen Angaben im Jahr 2020 fast 25 Prozent mehr Hunde registriert als im Jahr 2019. In jüngster Zeit erlauben auch immer mehr Unternehmen, Hunde mit zur Arbeit zu bringen.

Der Trend zum Haustier als Lebensgefährten lässt sich auch in den Medien, der Werbung und in Freizeitangeboten erkennen. Wandern mit Hund, Welpenyoga oder Katzencafés – solche Angebote boomen. In dem Maße, wie sich die Beziehung zu Haustieren ändert, wandelt sich, wenn auch zögerlicher, die Einstellung der Gesellschaft zur Trauer um ein Tier. In meiner Jugendzeit regte sich jemand aus meiner Familie darüber auf, dass eine Kollegin später zur Arbeit kam mit der Begründung, ihre Katze sei krank gewesen und sie hätte mit ihr zum Tierarzt gemusst. Das sei kein Grund, die Arbeit zu vernachlässigen, so lautete die vorherrschende Meinung. Noch zu Beginn des Jahrtausends wäre es auch schwer gewesen, im Job zu fehlen, weil der Hund oder das Kaninchen gestorben war. Heute gibt es viele Humanmediziner, die um die Bedeutung eines Tiers für seine Besitzer wissen – und diese im Trauerfall krankschreiben, wenn sie sich nicht in der Lage sehen zu arbeiten. Und es zeigen immer mehr Menschen Verständnis für trauernde Tierbesitzer, weil sie selbst ähnliche Erfahrungen gemacht haben.

Aus der Praxis

Frau Funke liebt ihre drei Katzen sehr. Die junge Frau hat sie alle von einem verstorbenen Freund übernommen. Sie sind ihr deshalb doppelt wichtig: als tierische Weggefährten und als Erinnerung an einen lieben Menschen. Nun mussten wir Bolle einschläfern, den ältesten der »drei Musketiere«, wie Frau Funke sie nennt. Einige Wochen später erzählte sie mir, was sie nach Bolles Tod erlebte. Für sie war klar gewesen, dass der Kater eingeäschert werden sollte. Doch wollte sie ihn nicht in der Praxis abholen lassen, sondern selbst zum Tierkrematorium bringen. Am Nachmittag nach der Euthanasie fuhr sie mit dem toten Bolle auf dem Beifahrersitz los. Unterwegs musste sie auf ihr Handy schauen, um den richtigen Weg zu finden – und wurde deswegen von einer Polizeistreife angehalten. Der Beamte, der an das Auto trat, sah, dass Frau Funke geweint hatte. »Geht es Ihnen nicht gut?« Sie erzählte ihm, was sie vorhabe, und zeigte auf den Katzenkorb auf dem Beifahrersitz. »Oje, das tut mir leid. Wie alt ist er denn geworden?« – »Nur acht Jahre, er war schwer krank.« – »Ich habe selbst einen Hund, ich kann Sie gut verstehen! Wenn der mal nicht mehr ist, ganz furchtbar, die Vorstellung. Also, in diesem besonderen Fall will ich es mal bei einer Verwarnung belassen. Aber Sie versprechen mir, dass Sie jetzt in Ruhe noch mal nach dem Weg schauen und das Handy dann nicht mehr zur Hand nehmen. Fahren Sie vorsichtig! Und ich wünsche Ihnen viel Kraft.«

AUSTAUSCH MIT GLEICHGESINNTEN

Immer mehr Menschen wünschen sich einen Ort, wo sie ihres gestorbenen Tiers gedenken können. Neben dem persönlichen Erinnern hilft trauernden Tierhalterinnen besonders eines: der Austausch mit anderen Menschen in gleicher Situation. Social-Media-Plattformen, in denen trauernde Tierhalterinnen sich vernetzen, haben Zulauf. Tierbestattungsunternehmen unterhalten eigene Gedenkseiten, auf denen Besitzer die Schicksale ihrer Tiere schildern, Fotos von ihnen einstellen und an sie erinnern. Besucher können virtuelle Kerzen anzünden, digital Blumen ablegen und in ein Kondolenzbuch schreiben. Trauernde schildern, dass ihnen diese Anteilnahme Trost schenkt. Relativ neu ist die Gründung eigener Trauergruppen. In immer mehr Städten gibt es Angebote, sich unter Gleichgesinnten auszutauschen, vor Ort, aber auch online. Wer in Suchmaschinen die Stichworte »Tiertrauergruppe« oder »Trauerbegleitung Haustier« eingibt, findet entsprechende Angebote. Die Initiative geht oft von Einzelnen aus, aber zum Beispiel auch von Hospizvereinen für Menschen. Die dort tätigen Sterbe- und Trauerbegleiterinnen erleben häufig, dass ein Haustier eine große Stütze für einsame und trauernde Menschen ist. Stirbt dann auch das Tier, ist das für die Betroffenen besonders schlimm. So hat die Hospizhilfe Bremen als eine der ersten eine offene Trauergruppe »für Menschen von verstorbenen Tieren« gegründet. Weitere folgen diesem Beispiel, bieten Gesprächs- und Themenabende an.

MIT ZWEIFELN UND SCHULDGEFÜHLEN UMGEHEN

Einige Tierhalterinnen brauchen nach der Euthanasie noch mal ein Gespräch, um die Sache abschließen zu können. Vielleicht gibt es im Nachgang offene Fragen. Bei manchen Menschen, die ihr Tier gehen lassen mussten, setzt nach einiger Zeit das Gedankenkarussell ein: War die Entscheidung richtig? Hätten wir nicht doch noch was machen können? Vielleicht befeuern auch Personen aus dem persönlichen Umfeld, andere Tierhalterinnen oder Kommentare im Internet solche Vorstellungen. Manche fühlen sich im Nachhinein überfordert, vielleicht meinen sie sogar, zu einer Entscheidung gedrängt worden zu sein, ob von Angehörigen, Freunden oder von der Tierärztin. Das kann so weit gehen, dass Tierbesitzer die Schuld am Tod ihres Tiers bei der Tierärztin sehen, ihr Versagen vorwerfen. Wenn solche Gedanken und Zweifel aufkommen, sollte man versuchen, einen möglichst objektiven Blick auf die Situation zu bekommen. Die beste Lösung ist, das Gespräch mit einer Tierärztin zu suchen. Das kann, muss aber nicht diejenige sein, die die Diagnose gestellt und / oder das Tier eingeschläfert hat.

MEIN RAT

Zögern Sie nicht, Kontakt zu Ihrer Tierärztin aufzunehmen, wenn Sie Zweifel an der Entscheidung zur Euthanasie oder andere Fragen haben. Oft hilft ein Gespräch, in dem noch mal die medizinischen Hintergründe einer Erkrankung oder des zur Euthanasie führenden Zustands Ihres Tiers erklärt werden. Das gilt auch für den Fall, dass Sie meinen, die Tierärztin habe nicht alles für Ihr Tier getan oder Sie zum Einschläfern Ihres Tiers überredet. Vereinbaren Sie dazu einen Gesprächstermin in der Praxis. So haben Sie die Sicherheit, dass die Tierärztin genug Zeit für Sie hat und auch eventuell noch einmal Befunde mit Ihnen anschauen und erklären kann. Oft lassen sich bei einem solchen Gespräch Schuldgefühle und Zweifel an der Entscheidung ausräumen. Möchten Sie mit einer externen, »neutralen« Tierärztin sprechen, können Sie auch eine andere Tierarztpraxis oder Tierklinik kontaktieren. Manche Tierärztinnen bieten auch online (Video-)Gespräche an.

PROFESSIONELLE HILFE

Es kommt vor, dass jemand in seinem Trauerprozess feststeckt. Dann professionelle Hilfe – ob therapeutisch oder seelsorgerisch – anzunehmen, kann helfen. Manchmal ist es sogar dringend notwendig. Ein lapidarer Spruch, den sowohl Außenstehende als auch Trauernde manchmal noch von sich geben, lautet: »Da muss man eben alleine durch.« Dabei ist dies glücklicherweise überholt – in der Medizin würden wir sagen: obsolet. Unterstützung und Begleitung von außen kann immer hilfreich sein. Besonders dann, wenn die Trauer pathologische Züge annimmt, also krank macht. Trauerreaktionen sind so unterschiedlich wie die trauernden Menschen selbst. Sie reichen von heftigen Gefühlsausbrüchen und tiefer Verzweiflung über Phasen innerer Leere bis hin zu depressiven Zuständen oder sogar Lebensmüdigkeit. Oft gehen damit auch Erschöpfung, Konzentrationsschwierigkeiten und unaufhörliches Grübeln einher, das bis zur Arbeitsunfähigkeit führen kann. Andere erleben Trauer vor allem körperlich, etwa durch Bauch-, Kopf- oder Rückenschmerzen, Herzprobleme, Magen-Darm-Beschwerden oder Schlaflosigkeit. Spätestens, wenn diese Symptome nicht vorübergehend, sondern dauerhaft sind, sollten Betroffene sich Hilfe holen.

MEIN RAT

Wenn Sie folgende Symptome bei sich selbst beobachten oder bei anderen, die um ein Tier trauern, sollten Sie oder die Betreffenden dringend professionelle Hilfe in Anspruch nehmen:

- Vollständiger Rückzug, Vermeiden von sozialen Kontakten

- Suchtverhalten
- Unfähigkeit, den Alltag zu bewältigen
- Starke Schuldgefühle oder Schuldzuweisungen
- Suizidgedanken

Wenn die Umstände des Tiertods traumatisierend für Sie waren, etwa bei Gewalteinwirkungen wie einem Unfall oder einer Beißerei unter Hunden, oder wenn eine Euthanasie nicht ohne Komplikationen abgelaufen ist, ist ebenfalls eine professionelle Begleitung sinnvoll. Im Anhang finden Sie Adressen, an die Sie sich wenden können.

WENN TIERE TRAUERN

Wie schon im Kapitel über den Abschied geschildert, haben Tiere keine abstrakte Vorstellung vom Tod. Sie nehmen das Sterben eines Artgenossen anders als ein Mensch nicht als etwas Schlimmes wahr, weil sie keinen Bezug herstellen zwischen Sterben und Verlust. Aber wenn durch den Tod eines Artgenossen eine Lücke im sozialen Netzwerk entsteht, können sie sehr wohl um das andere Tier trauern. Diese Trauer ist umso deutlicher, je enger der Kontakt zwischen den Tieren war. Dabei gibt es von Art zu Art Unterschiede.

Hunde haben in der Regel eine besonders feste Bindung an ihren Menschen. Doch wenn weitere Artgenossen zum Rudel gehören, spielen auch diese eine wichtige Rolle für das Einzeltier. Fehlt einer von ihnen, wird er von dem oder den anderen gesucht. Sie verweilen an seinen Lieblingsplätzen, manche Hunde heulen sogar. Einige Hunde zeigen Symptome, die denen einer menschlichen Depression ähneln. Sie können apathisch wirken, fressen weniger oder verweigern das Futter ganz. Wieder andere wirken nervös, streifen umher oder haben ein verändertes Schlafmuster. Das zeigt sich besonders, wenn zwei Hunde ein sehr enges Verhältnis hatten, beispielsweise weil sie zusammen aufgewachsen waren oder es sich um Mutter und Junges handelte.

Katzen sind eher Einzelgänger. Trotzdem gibt es Katzenfreundschaften, die so innig sind, dass das zurückbleibende Tier trauert. Dabei äußert sich das bei Katzen subtiler als bei Hunden. Manche ziehen sich zurück, andere werden deutlich anhänglicher. Sie können mit Appetitverlust reagieren, manchmal werden sie auch unsauber. Gerade bei Katzen kommt es aber auch vor, dass sie regelrecht aufblühen, wenn ein Artgenosse nicht mehr da ist. Das gilt besonders für Exemplare, die in einem Mehrkatzenhaushalt in der Rangordnung einen niedrigen Platz hatten oder unter der geteilten Zuwendung ihrer Besitzer litten.

Aus der Praxis

Kater Kalle war in unserer Familie lange Jahre Alleinherrscher über das Haus und einen großen Garten. Doch dann verliebte ich mich in ein Fundkätzchen aus dem Tierheim, und so kam Klärchen zu uns: klein, sehr verschmust und leicht hyperaktiv. Der große Kater mochte sie nicht, das merkten wir bald. Er tat ihr nichts, mied sie aber, wo er nur konnte. Sobald Klärchen ankam, zog Kalle sich zurück und war dadurch auch nicht mehr so viel in unserer Nähe. Leider wurde Klärchen nach nur eineinhalb Jahren überfahren. Während die ganze Familie traurig war, lebte Kalle nach Klärchens Tod auf. Er kam wieder gern ins Haus, suchte seine gewohnten Plätze auf und war bald wieder ganz der Alte.

Tieren, die um einen Artgenossen trauern, hilft einerseits Routine. Gewohnte Tagesabläufe sollten eingehalten werden, um dem Tier Sicherheit zu geben. Aber auch vermehrte Zuwendung und Ablenkung durch neue Spielzeuge oder Spaziergänge an anderen Orten können helfen. Oft ist es für Mensch und Hund schön, wieder längere und anspruchsvollere Strecken zu gehen, auf die aus Rücksichtnahme auf einen alten oder kranken Artgenossen verzichtet werden musste. Frisst ein trauerndes Tier längere Zeit schlecht oder sogar gar nicht oder macht sonst einen kranken Eindruck, sollte die Tierärztin aufgesucht werden. Sie kann körperliche Ursachen ausschließen. Auch besteht vielleicht die Möglichkeit, das trauernde Tier durch Verhaltensmaßnahmen oder Medikamente zu unterstützen. Von einer Selbstmedikation ohne tierärztliche Rücksprache, egal mit welchen Mitteln, ist abzuraten.

KLEINE HEIMTIERE – EIN SONDERFALL

Es gibt Tierarten, die generell nie allein gehalten werden sollten. Meerschweinchen und Kaninchen, Rennmäuse, Degus, Ratten und Chinchillas brauchen mindestens ein Partnertier, besser eine Gruppe, um artgerecht zu leben und sich wohlzufühlen. Stirbt solch ein Tier aus einer größeren Gruppe, bleibt das häufig von den anderen unbemerkt. Allenfalls ändert sich die Rangordnung in der kleinen Herde. Bleibt aber ein Tier ganz allein zurück, kann dieses mitunter sehr trauern. Besonders bei Kaninchen ist dies häufig zu beobachten. Besitzer sollten hier keine Zeit verlieren und möglichst schnell Ersatz für das verstorbene Tier schaffen. Wichtig dabei: Tiere einer anderen Art sind keine adäquate Gesellschaft! Ein Meerschweinchen kann einem Kaninchen niemals den Partner ersetzen und umgekehrt. Zugegeben, es kann schwierig sein, für ein zurückbleibendes Tier ein Partnertier zu finden, mit dem es sich verträgt. Tierschutzorganisationen und auf Heimtiere spezialisierte Tierarztpraxen helfen aber gern bei der Suche und bei der Vergesellschaftung.

»Nie wieder – oder gerade jetzt?« – Ein neues Tier

»Schaff dir doch einen neuen Hund an!«

»Kauf dir ein neues Kaninchen.«

»Ich habe einen Aushang gesehen, da hat jemand kleine Kätzchen abzugeben!«

Auch wenn diese Ratschläge gut gemeint sind, können sie auf jemanden, der gerade sein Haustier verloren hat, verletzend und übergriffig wirken. Niemand sollte zu solch einer Entscheidung gedrängt werden. Und es wäre ein großer Fehler, einer trauernden Tierhalterin ohne ihr Einverständnis ein neues Tier zu schenken. Vor oder direkt nach einer Euthanasie höre ich gelegentlich die Aussage: »Ich möchte nie wieder ein Tier. Es ist so schlimm für mich, dieses hier gehen zu lassen – diesen Schmerz könnte ich nicht noch mal ertragen.« Dieses Gefühl ist oft der konkreten Situation geschuldet. Jetzt, in diesem Moment, empfinden Tierhalter das genau so, und es wäre sinnlos, zu diesem Zeitpunkt dagegenzuargumentieren.

Manche bleiben auch später dabei und schließen das Kapitel Tierhaltung für sich ab. Für andere Tierhalter ist es selbstverständlich, dass es sofort nach dem Tod ihres Hunds oder ihrer Katze erneut ein Tier in ihrem Leben geben wird. Eine passionierte Dackelhalterin sagte mir: »Klar bin ich traurig, wenn mein jetziger Hund einmal stirbt. Er hat – wie jeder – seinen eigenen Charakter, und ich mag ihn sehr. Aber so komisch sich das anhört: Das Wichtigste für mich ist, dass ich immer einen Dackel habe.« Diese Frau, das steht fest, wird sich sofort nach dem Tod ihrer jetzigen Dackelhündin eine neue aussuchen. Manche Tierhalterinnen schaffen sich auch bewusst schon dann einen zweiten, jüngeren Hund an, wenn ihr erster in die Jahre kommt. Sie wissen um das nahende Ende und möchten auf keinen Fall ohne Tier sein.

Gerade in der Phase der Trauer kann ein neues Tier helfen. Sich um das neue Tier zu kümmern, lenkt ab, bringt Struktur in den Alltag, Routinen können fortgesetzt werden. Die emotionale Zuwendung, die Besitzer von dem neuen Tier bekommen, tröstet sie und kann wieder mehr Freude am Leben vermitteln. Nimmt jemand nach dem Tod seines Tiers einen Hund, eine Katze oder andere Tiere aus dem Tierheim zu sich, kann das zusätzlich befriedigend wirken und sinnstiftend sein: Die »Infrastruktur« für ein Tier ist bereits vorhanden, auch die Erfahrung. Nun kann ein heimatloses Tier davon profitieren und eine zweite Chance bekommen – eine Win-win-Situation für Tier und Halterin.

Wenn die Trauer um ein Haustier noch sehr frisch ist, kann das neue Tier allerdings auch wie ein bloßer Ersatz wirken. Menschen fällt es dann vielleicht schwer, eine echte Bindung aufzubauen. Manche Tierhalter haben das Gefühl, ihren toten Freund zu verraten, ihm untreu zu werden, wenn sie ihr Herz an ein neues Haustier verschenken. Oder sie vergleichen das neue Tier mit dem gestorbenen und werden ihm so nicht gerecht. Jedes Tier ist einzigartig und sollte nicht in Konkurrenz zu einem früheren stehen. Wenn das neue Tier vermeintlich nicht so »perfekt« ist wie das alte, kann das zu Enttäuschungen führen.

Nie wieder oder sofort – zwischen diesen beiden Polen bewegen sich also die Vorstellungen, wenn es um ein neues Tier geht. Doch wann ist dafür der richtige Zeitpunkt gekommen?

Wie viel Zeit man sich für die Entscheidung nehmen sollte, hängt stark von der eigenen emotionalen Verfassung und den Lebensumständen ab. Die Trauer über den Tod eines Haustiers sollte nicht übergangen werden. Es ist wichtig, dafür den Verlust zu akzeptieren, statt ihn durch die Anschaffung eines neuen Tiers zu überspringen. Die Trauerphase kann Wochen, Monate oder sogar Jahre dauern. Für viele Menschen sind sechs bis zwölf Monate ein angemessener Zeitraum, um den Verlust ihres Tiers zu verarbeiten und sich neu zu orientieren. Auch Lebenssituationen ändern sich. Manche Menschen stellen nach dem Verlust eines Haustiers fest, dass berufliche Verpflichtungen oder geplante Reisen sie daran hindern, ein neues Tier aufzunehmen. Dann sollten sie den Wunsch entsprechend verschieben.

MEIN RAT

Lassen Sie sich weder durch äußeren Druck noch durch innere Erwartungen zu einer Entscheidung drängen. Ein neues Haustier sollte um seiner selbst und nicht nur aus Trauer um das alte aufgenommen werden. Wenn Sie schließlich die Möglichkeit eines neuen Tiers erwägen und dieser Gedanke Vorfreude statt Schmerz auslöst, ist das ein Zeichen, dass Sie bereit sind.

ZU ALT FÜR EIN NEUES TIER?

Besonders traurig und schwierig ist es, wenn Tiere sterben, die alten Menschen gehören. Tierhalterinnen ab einem gewissen Alter wird klar: Dies wird jetzt mein letztes Tier sein, danach werde ich mir keines mehr anschaffen. Oft ist das eine Vernunftentscheidung. Die Betreffenden sind womöglich in ihrer Mobilität eingeschränkt, sie sehen sich gesundheitlich nicht mehr in der Lage, für ein Tier zu sorgen. Auch steht vielleicht der Umzug in eine kleinere Wohnung oder ein Seniorenheim an oder Hochbetagte verbieten sich mit dem Gedanken an den eigenen nahen Tod den Wunsch, noch mal ein Tier zu sich zu nehmen. Dabei können gerade für alte Menschen Haustiere besonders wichtig sein. Sie bieten Gesellschaft und Trost, fördern Bewegung und verbessern die mentale Gesundheit. Nicht zuletzt begünstigt das Spazierengehen mit einem Hund oder Gespräche über ein Haustier die Interaktion mit anderen Menschen und schützt vor Einsamkeit und Isolation. Was also tun?

Wenn ältere Menschen immer ein Tier hatten und sich nach dessen Tod wieder einen Begleiter wünschen, sollte man alles versuchen, diesen Wunsch zu erfüllen. Dazu gehört dann aber ein guter Plan.

- Für ältere Menschen eignen sich eher pflegeleichte Tiere wie Katzen oder Vögel. Auch ältere Hunde, die nicht mehr so aktiv sind, könnten bei Senioren ein Zuhause finden.
- Bevor ein neues Tier einzieht, ist es ratsam, über Hilfen nachzudenken. Auch wenn der normale Alltag mit einem Tier noch bewältigt werden kann, so braucht es vielleicht Unterstützung, zum Beispiel bei Tierarztbesuchen.
- Es sollte ein Notfallplan existieren: Wer kümmert sich um das Haustier, wenn jemand das (vorübergehend) nicht mehr selbst kann – oder stirbt? Freunde, Familie, Nachbarn oder Tiersitter können in die Planungen mit einbezogen werden.
- Wer keine Verantwortung mehr für ein eigenes Tier tragen, aber auf Tierkontakt nicht verzichten möchte, hat andere Möglichkeiten. So kann man in Tierheimen eine Patenschaft übernehmen, das Patentier dort besuchen oder mit einem Tierschutzhund spazieren gehen. Berufstätige freuen sich vielleicht, wenn ihr Hund tagsüber von »Hundegroßeltern« betreut wird.

Immer mehr Anhänger, auch unter alten Menschen, findet das Modell des »Dogsharing«, bei dem zwei Besitzerinnen sich wechselweise um einen Hund kümmern. Oder man bietet sich als Pflegestelle für Tiere an, die vorübergehend ein neues Zuhause brauchen.

Aus der Praxis

»Wir werden nie wieder eine Katze haben.« So meinte Frau Hoffmann, nachdem ich ihre alte Katze Ilona fast zwanzigjährig eingeschläfert hatte. »Mein Mann und ich sind über siebzig. Wer weiß, wie lange wir noch mobil sind und in unserem Haus wohnen können. Da sollte ich mich lieber nicht mehr an ein Tier binden.«

Dann kam Boris in unsere Praxis. Der Perserkater hatte eine lange Krankengeschichte, litt an immer wiederkehrenden schmerzhaften Harnwegserkrankungen, deren Auftreten bei Katzen häufig mit Stress assoziiert ist. Ständig musste er wegen Rezidiven behandelt werden, trotz Spezialdiät. Der alleinstehende Katzenhalter, Herr Korbmacher, war am Ende. »Boris tut mir so leid. Ich denke, ich muss ihn einschläfern lassen. Das ist ja kein Zustand.« Im Gespräch stellte sich heraus, dass Boris' Besitzer aus beruflichen Gründen selten zu Hause war, meist nur nachts. Aus schlechtem Gewissen seinem Kater gegenüber wollte er sich dann mit ihm beschäftigen, er spielte mit ihm und fütterte ihn, wenn er zu Hause war. Ich erklärte ihm: »Ihr Kater ist einsam. Und sein Tages-

rhythmus entspricht nicht Ihrem. Das alles stresst ihn. Sie sollten Boris noch eine Chance geben. Vielleicht kann er in einer anderen Umgebung doch wieder gesund werden. Dazu müssen Sie ihn aber abgeben.« Herr Korbmacher stimmte diesem Vorschlag erleichtert zu und unterschrieb eine Abtretungserklärung.

Mir fiel das Ehepaar Hoffmann ein. Ich rief an und fragte sie, ob sie wohl bereit wären, Boris vorübergehend bei sich aufzunehmen – als Pflegestelle, bis wir ein neues Zuhause für ihn gefunden hätten. Boris bräuchte dringend menschliche Gesellschaft und Beschäftigung. Frau Hoffmann kam umgehend in die Praxis. Ich unterrichtete sie über Boris' Probleme und dass wir nicht wüssten, ob er wieder ganz gesund werden würde. Sie nahm ihn mit. Herr Korbmacher brachte Kratzbaum und alles, was er für Boris zu Hause hatte, zu den Hoffmanns. So konnte er sich auch vergewissern, dass sein Kater es dort guthaben würde – inklusive Auslauf in den Garten. Boris' Blasenprobleme traten noch einmal auf, dann nicht wieder. Als ich Frau Hoffmann Wochen später traf, erzählte sie freudestrahlend: »Boris hat eine neue Lieblingsbeschäftigung. Er liegt bei meinem Mann auf dem Sofa und guckt Fußball. Das gefällt beiden sehr gut!« Sie haben Boris nicht wieder abgegeben.

Zu guter Letzt

Erfahrungen einer Tierärztin – so der Untertitel dieses Buchs. Meine Erfahrungen und Erlebnisse zu schildern, war der Impuls für das vorliegende Werk. Daraus ist ein Buch mit vielen Facetten geworden: Bericht, Ratgeber, Informationsquelle. Es soll eine Hilfe sein für Menschen mit ihren geliebten Tieren, aber auch für alle, die diese begleiten, sei es als Tierärztin, Tiermedizinische Fachangestellte, Trauerbegleiterin, Tierbestatter, Familienmitglied oder Freundin. Ich bin gespannt und freue mich auf Rückmeldungen aus der Leserschaft.

Ein Buch schreibt man nicht allein. Mein Dank gilt allen, die mit ihrem Wissen, ihren Anregungen und ihrem Feedback zum Gelingen des Werks beigetragen haben.

Zuerst und ganz besonders danke ich Joachim Frank, Journalist und Katzenfreund. Ohne seine Initiative gäbe es dieses Buch nicht. Meine Freundin Julia Knop und er haben jedes Kapitel als Erste gelesen und stets motivierend, präzise, mal streng und mal mit einem Augenzwinkern kommentiert und korrigiert. Ein kongeniales Team – ich danke euch von Herzen dafür!

Meiner Familie, besonders meinem Mann Andreas, danke ich für die liebevolle Unterstützung und Ermutigung. Und für so viele Abende, Urlaubstage und Wochenenden, an denen sie auf meine Anwesenheit verzichten musste, weil ich ein Date mit meinem Laptop hatte.

Ein herzliches Dankeschön an meinen Agenten Stephan Meyer von der rauchzeichen-agentur, der dieses Projekt auch zu seinem gemacht hat. Er stand mir mit seiner Expertise und seinem Rat stets zur Seite.

Ich danke dem dtv Verlag und meiner Lektorin Charlotte Diedrich für das Vertrauen in meine Idee und die unkomplizierte Zusammenarbeit.

Vielen Dank an Frank Abheiden von der Firma Rosengarten sowie Christiane Hein von der Firma Cremare für ihre Bereitschaft, all meine Fragen zu beantworten. Danke für den Austausch, für die Einblicke in die Arbeit der Tierbestattungsunternehmen und in die Abläufe eines Tierkrematoriums. Mein Dank gilt auch meinen Kolleginnen fürs Teilen von Erlebnissen, für den Austausch und die Bestärkung, dieses Buch zu schreiben.

Wer Tieren helfen möchte, der ist auf das Verstehen und die Mitarbeit der Menschen angewiesen, zu denen sie gehören. Ich bin allen Tierhalterinnen und Tierhaltern dankbar, die mir in all den Jahren bis heute ihr Vertrauen geschenkt und meinen medizinischen und auch menschlichen Rat gesucht und angenommen haben – gerade und besonders, wenn das Leben ihres Tiers zu Ende ging.

CHECKLISTE LEBENSQUALITÄT

Anhand dieses Fragebogens können grundsätzliche Faktoren der Lebensqualität beim Tier beurteilt werden. Er ermöglicht Besitzern eine objektivere Sicht auf den Zustand ihres Tiers. Diese Liste kann jederzeit verändert und auf die Situation des eigenen Tiers angepasst werden, eventuell mithilfe der behandelnden Tierärztin. Der Fragebogen erhebt keinen Anspruch auf Vollständigkeit.

Bewerten Sie jede der 15 Fragen mit 0–2 Punkten. Zählen Sie die erhaltenen Punkte zusammen. Wiederholen Sie diese Beurteilung in regelmäßigen Abständen. Sie können so auch eine Art Tagebuch führen.

2 Punkte = Trifft voll und ganz auf mein Tier zu.
1 Punkt = Ich nehme deutliche Veränderungen wahr.
0 Punkte = Diese Beschreibung trifft nicht (mehr) auf mein Tier zu.

1. Mein Tier nimmt am Alltag teil und sucht den Kontakt.
2. Sein Verhalten gegenüber den Menschen und anderen Tieren im Haushalt hat sich nicht verändert.
3. Mein Tier hat unveränderten Appetit.
4. Es trinkt weder mehr noch weniger als bisher.
5. Der Harnabsatz bereitet ihm keine Probleme, es ist stubenrein und verliert den Urin nicht unkontrolliert.

6. Mein Tier kann problemlos Kot absetzen. Es verliert diesen nicht unkontrolliert.
7. Es kann sich normal und schmerzfrei bewegen. Spaziergänge machen ihm Spaß.
8. Mein Tier spielt gerne oder nimmt anderweitig an Aktivitäten teil.
9. Es zeigt keine offensichtlichen Anzeichen von Stress oder Angst.
10. Mein Tier wirkt weder apathisch noch verwirrt.
11. Es hat keinen veränderten Tag-Nacht-Rhythmus.
12. Es atmet normal, ohne Anstrengung, hechelt nicht mehr als sonst.
13. Es zeigt keine Anzeichen von Schmerz.
14. Es zeigt in der gewohnten Umgebung kein Drangwandern oder ruheloses Umhergehen.
15. Mein Tier zeigt insgesamt keine Veränderungen im Vergleich zu früher.

AUSWERTUNG DER ZUSAMMENGEZÄHLTEN PUNKTE

24–30 Punkte: Prima!

Ihr Tier scheint momentan eine gute Lebensqualität zu haben. Freuen Sie sich. Halten Sie es aber weiter gut im Blick. Bei Fragen wenden Sie sich an Ihre Tierärztin.

10–23 Punkte: Achtung!

Die Lebensqualität Ihres Haustiers ist eingeschränkt. Beraten Sie sich mit einer Tierärztin, ob und wie sie sich durch medizinische Maßnahmen verbessern lässt.

< 10 Punkte: Oje!

Die Lebensqualität Ihres Tieres ist stark eingeschränkt. Ich empfehle Ihnen eine zeitnahe tierärztliche Beratung / Beurteilung. Dabei sollten Sie auch über die Möglichkeit des Einschläferns sprechen.

HILFREICHE ADRESSEN UND BÜCHER – HILFE BEI PSYCHISCHEN PROBLEMEN

Wer das Gefühl hat, mit seiner Trauer allein nicht zurechtzukommen, findet unter folgenden Adressen Hilfe:

Telefonseelsorge:
www.telefonseelsorge.de
Tel. 0800 111 0 111 oder 0800 111 0 222

Kinder- und Jugendtelefon:
www.nummergegenkummer.de
Tel. 116 111 für Kinder und Jugendliche
Tel. 0800 111 0 550 für Eltern

Infotelefon Depression:
www.deutsche-depressionshilfe.de
Tel. 0800 334 4 533

WEITERE INTERNETADRESSEN

www.bohana.de:
Onlineportal und Netzwerk zu Trauer, Tod und Abschied
www.tierbestatter-bundesverband.de:
Internetpräsenz der Tierbestatter mit weiteren Adressen
www.rosengarten-tierbestattung.de:
Tierbestattungsunternehmen mit eigenen Tierkrematorien
www.tierkrematorium-cremare.de:
Tierbestattungsunternehmen mit eigenen Tierkrematorien

www.bestatter.de/wissen/tierbestattung:
Bundesverband Deutscher Bestatter e. V., Informationen zu Tierbestattung
www.deutschefriedhofsgesellschaft.de/ratgeber/bestattung/bestattungsarten/mensch-tier-beisetzung:
Internetpräsenz der Deutschen Friedhofsgesellschaft mit Informationen zur gemeinsamen Bestattung von Menschen und Tieren

BUCHEMPFEHLUNGEN FÜR ERWACHSENE UND KINDER

Für Erwachsene

Dempewolf, Eva: Abschied nehmen – Trauer um ein geliebtes Tier. Ein Begleit- und Praxisbuch. F&O Verlag, Berlin 2015

Dr. Eva Dempewolf betreibt eine Praxis für Coaching, Psychotherapie und Supervision und ist professionell engagiert in der Trauerbegleitung und Verlustbewältigung. Aufgebaut wie geführte Sitzungen einer Trauergruppe mit sieben verschiedenen Schwerpunkten kann dieses Buch helfen, die Trauer um sein Tier zu verarbeiten.

Für Kinder

Hula, Saskia: Bikos letzter Tag. Klett Kinderbuch, Leipzig 2021

Das Buch beschreibt die letzten Stunden des alten Hunds Biko aus seiner Sicht. Biko, der früher voller

Energie war und seine Familie stets beschützt hat, ist nun müde und leidet unter Schmerzen, hält aber an seiner Aufgabe fest, für seine Menschen da zu sein. Die Geschichte schildert einfühlsam, wie die Familie die schwierige Entscheidung trifft, Biko einschläfern zu lassen, um ihm weiteres Leiden zu ersparen. Schließlich kann Biko in ihrem Beisein beruhigt für immer einschlafen. **Für Kinder im Grundschulalter**.

Nilsson, Ulf: Adieu, Herr Muffin. Julius Beltz, Weinheim 2007

Das Bilderbuch erzählt von den letzten Tagen des alten Meerschweinchens Herr Muffin, das in einem kleinen blauen Karton lebt. Es zeigt aus seiner Perspektive, wie es liebevoll auf sein erfülltes Leben mit seiner Familie zurückblickt, während das Kind, dem es gehört, sich mit dem bevorstehenden Abschied auseinandersetzt. Nach seinem Tod wird Herr Muffin mit einer kleinen, rührenden Zeremonie beerdigt. Das Buch wurde mehrfach ausgezeichnet und hilft, mit Kindern über das Leben und Sterben zu sprechen. **Für Kinder ab 5 Jahren.**

Nilsson, Ulf: Die besten Beerdigungen der Welt. Moritz, Frankfurt 2023

Drei Kinder – der Ich-Erzähler, Ester und Putte – gründen eine »Beerdigungen AG«, um tote Tiere feierlich zu bestatten. Mit Kreativität und Humor, aber auch Ernsthaftigkeit setzen sie sich spielerisch mit dem Thema Tod auseinander, erleben die Traurigkeit des Verlusts und lernen, dass der Tod zum Leben dazugehört, bevor sie wieder in ihren kindlichen Alltag zurückkehren. **Für Kinder ab 6 Jahren.**

Bosse, Ayşe: Weil du mir so fehlst – Dein Buch fürs Abschied nehmen, vermissen und erinnern. Carlsen 2016

Ein interaktives Kinderbuch, das Kinder dabei unterstützt, mit Trauer umzugehen. Es erzählt die Geschichte eines Bären, der jemanden verloren hat und seine Gefühle wie Schmerz, Wut und Traurigkeit durchlebt. Mit liebevollen Illustrationen und Mitmach-Seiten wie Mal- und Schreibflächen hilft das Buch Kindern, ihre Gefühle auszudrücken und Erinnerungen an die verstorbene Person oder das verstorbene Tier festzuhalten. **Für Kinder im Grundschulalter.**

QUELLEN UND LITERATUR

AVMA Guidelines for the Euthanasia of Animals. American Veterinary Medical Association 2020

Busch, Bodo: Qualzuchten beim Hund. Deutsches Tierärzteblatt 1/2013

Eberspächer-Schweda, Eva et al.: Akzeptierte und empfohlene Euthanasiemethoden – ein Überblick für die Kleintierpraxis. Wiener Tierärztliche Monatsschrift 109/2018

Eberspächer-Schweda, Eva: Euthanasie bei Hund und Katze. Vetjournal 11/2020. Österreichischer Tierärzteverlag

Ethik-Kodex der Tierärztinnen und Tierärzte Deutschlands, Bamberg 2015

Hoff, Tanja; Buck-Werner, Oliver N.; Fürst, Anton: Tierärztliche Sterbehilfe. VeterinärSpiegelVerlag Berlin 2013

Holle, Svenja; Holle, Emanuel: Tod und Trauer in der Kleintierpraxis. Schlütersche 2019

Kirsch, Katrin et al.: Die Tücken des »sanften Todes«. Deutsches Tierärzteblatt 09/2016

Kotrschal, Kurt: Einfach beste Freunde – Warum Menschen und andere Tiere einander verstehen. Brandstätter 2014

Kunzmann, Peter et al.: Entscheidungshilfe zur Euthanasie von Klein- und Heimtieren. LTK Hessen, TK Berlin

Kunzmann, Peter: Wenn Tierärzte töten – Angewandte Ethik in ihrem Verhältnis zu Moral und Recht. Berliner und Münchener Tierärztliche Wochenschrift 133, Schlütersche 2020

Rowling, Joanne K.: Harry Potter und der Stein der Weisen. Carlsen 1998

Schwestka, Michaela: Das letzte Stück des Weges. Den Abschied vom Hund bewusst gestalten. Kynos Verlag, Nerdlen/Daun 2022

Springer, Svenja: Euthanasie von Heimtieren. Ethische Aspekte. Vetjournal 11/2020. Österreichischer Tierärzteverlag

Van Duijn, Hugo: Ist es nicht zu früh? Gedanken über das Einschläfern eines Tieres, das sich eindeutig »in seinem letzten Lebensabschnitt« befindet. CP-Pharma Handelsgesellschaft 2014

Voss, Margit: Untersuchung der sozialen Kompetenz von Tierärzten beim Einschläfern von Hunden. Inaugural-Dissertation. Gießen 2002

Gesetzestexte

Gebührenordnung für Tierärztinnen und Tierärzte [http://www.gesetze-im-internet.de / got_2022]

Tierische Nebenprodukte-Beseitigungsgesetz [http://www.gesetze-im-internet.de / tiernebg]

Tierschutzgesetz [http://www.gesetze-im-internet.de / tierschg]